鉤針玩偶

就讓我們一起來輕輕鬆鬆地鉤織出可愛造型的玩偶！

林淑惠 編著

06<鉤針的基礎編織

basic crocheting

鉤針玩偶animals**>10**

就讓我們一起來輕輕鬆鬆地鉤織出可愛造型的玩偶！ *

本書中所介紹的各式玩偶

皆是由最基本的鉤針編織法來鉤織完成的

在本書的開始

即爲教導讀者最基本的鉤針編織法

讓讀者可以如書中所示之步驟學習

在了解各式鉤法之後

對於任何形態的編織物就無往不利了

而本書中每一章的動物玩偶

皆附有針目表格符號圖和彩圖的圖解

讓讀者可以容易上手

可愛的動物造型最適合當作禮物

放在家中作爲擺飾

讓生活裡增添了更多的樂趣

工具

製作針織類的織品，工具的使用上是
非常簡便的，常用的鉤針、縫線、毛
線、繡線、棉花、填充晶體、各類的珠珠，就
能鉤出各種活潑可愛的玩偶了！！

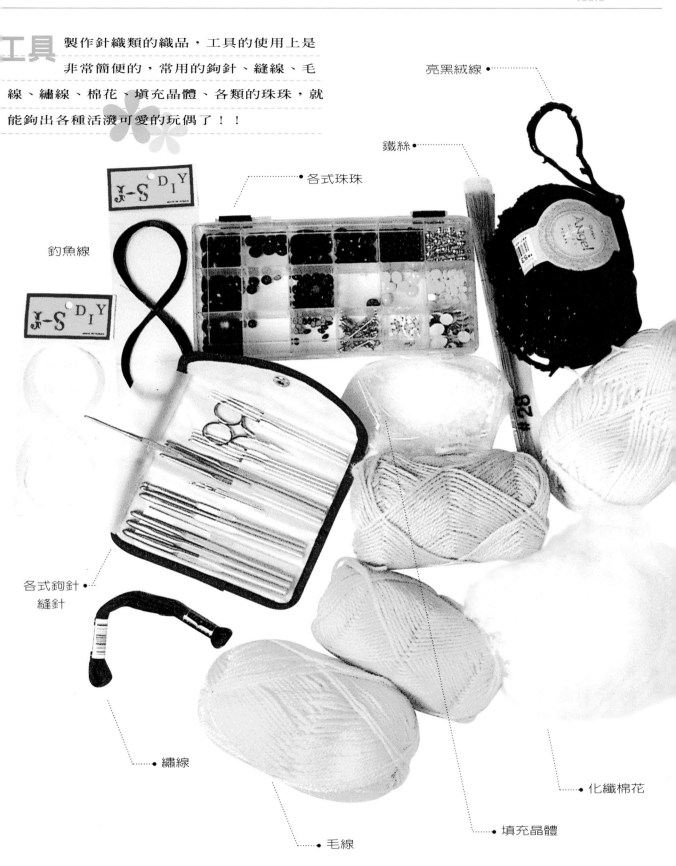

亮黑絨線

鐵絲

各式珠珠

釣魚線

各式鉤針
縫針

繡線

毛線

填充晶體

化纖棉花

☐+ 短針

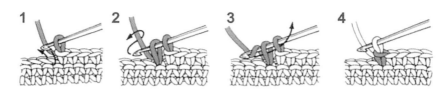

☐ʒ 表引長針

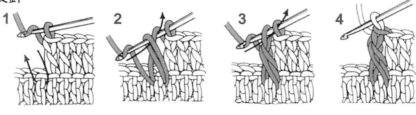

● 引拔針

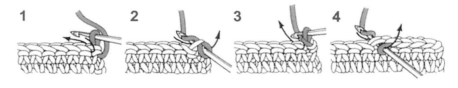

☐↓ 1針中鉤2短針

☐V 1針中鉤2長針

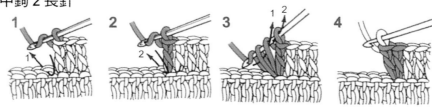

T 中長針

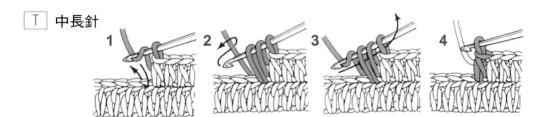

3 鎖針的結粒針

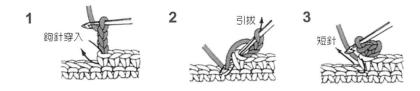

T 雙重鎖針

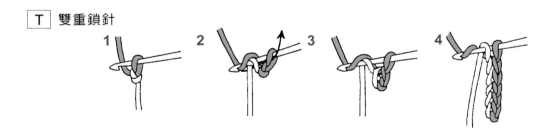

短針的 2 併針

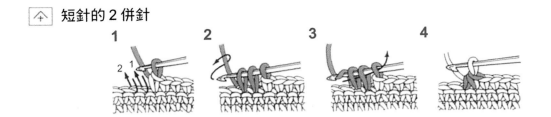

中長針的 2 併針

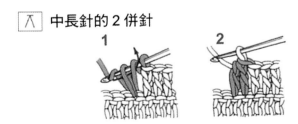

⊙輪狀的起針法

● 以線繞圈的輪
狀起針法

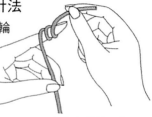

以手指壓住

1 首先在食指上繞線 2 圈。

2 將線圈由手指取下,再將
長線掛在左手上,線圈交
接點則以手指壓住固定。

3 將鉤針穿入線圈內
側,掛線引出。

4 如圖再度掛線引出
後,拉緊針目。

5 起頭針目完成的狀
態。

⊙嘴型縫法　　　⊙渡線

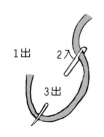

1出　　2入

3出

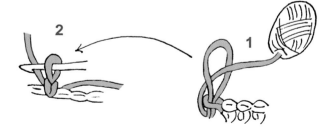

2

1

⊙十字繡

1

2

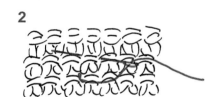

3

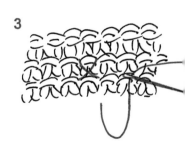

⊙ 疏縫

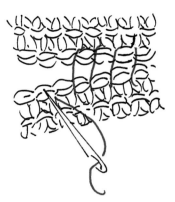

⊙ 正面縫合

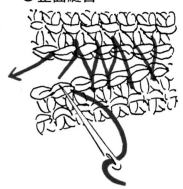

⊙ 配色

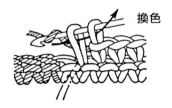

中間換色時，再結束顏色的最後一目引拔出
新的顏色。

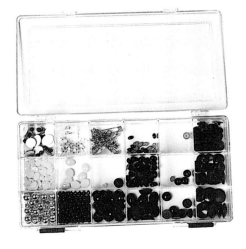

Animals

P12

P16

P22

P35

玩
偶

P30

P39

P44

P50

P67

P58

P54

P80

P88

P96

P92

P112

P116

Let's go ➡

土撥鼠

喜愛挖土每天開開心心的土撥鼠—要
好好愛我呦！！

料：4、5號鉤針用毛線，卡其色......卡其色50g、深咖啡色少許。
　　　　　　　　　　黃　色......黃　色50g、咖啡色少許。

屬品：眼睛配件半圓10mm兩副、化纖棉花適量、填充晶體適量、咖啡色繡線一段。

品：單編鉤針（金色）4/0號、毛線縫線、縫線針、白膠、剪刀。

品尺寸：高度約10㎝。

10cm

編織順序與方法：1. 由頭部往身體鉤織，到底部時收針，同時放入1/6填充晶體，並塞入棉花。

2. 手最後1段前，塞入棉花，並用『疏縫』縫在身體。

3. 織4片耳朵，2片耳朵重疊用咖啡色、深咖啡色做一目『鎖針』、一目『引拔』的接合，成為一隻耳朵，並用『疏縫』縫在頭部左右。

4. 腳、尾巴織好後塞入棉花，用『正面縫合』縫上。

5. 找出中心點貼上眼睛，用4股繡線繡上嘴型。

平=不加減針　　　S=針數　　　R=段數　　　對折=短針接合

18	56	+6		全身 卡其色								
17	50	平	37	6	−6							
16	50	+6	36	12	−6							
14.15	44	平	35	18	−6							
13	44	−6	34	24	−6							
10.12	50	平	33	30	−6							
9	50	+6	32	36	−6							
8	44	+6	31	42	−6							
7	38	平	30	48	−2				手　卡其色			
6	38	+6	29	50	−6	6	腳　卡其色		4	對折		
5	32	+6	27.28	56	平	5	12	−2	8	平	尾巴 卡其	
4	26	+6	26	56	−6	4	14	平	8	平	6	−6
3	20	+6	21.25	62	平	3	14	平	8	+2	12	平
2	14	+6	20	62	+6	2	14	+6	6	平	12	+6
第1層	8	+5	第19層	56	平	第1層	8	+5	6		6	
起針	3	鎖針				起針	3	鎖針				

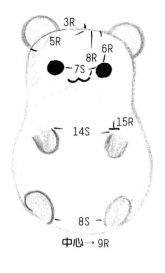

中心→9R

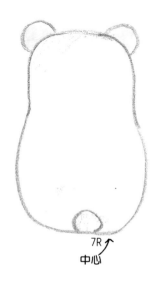

7R
中心

5. 嘴型

身 1 個

手 2 個
6.0××××（對折短針接合）

尾巴 1 個

耳朵 2 個

2片同時挑
挑長針頭部

腳 2 個

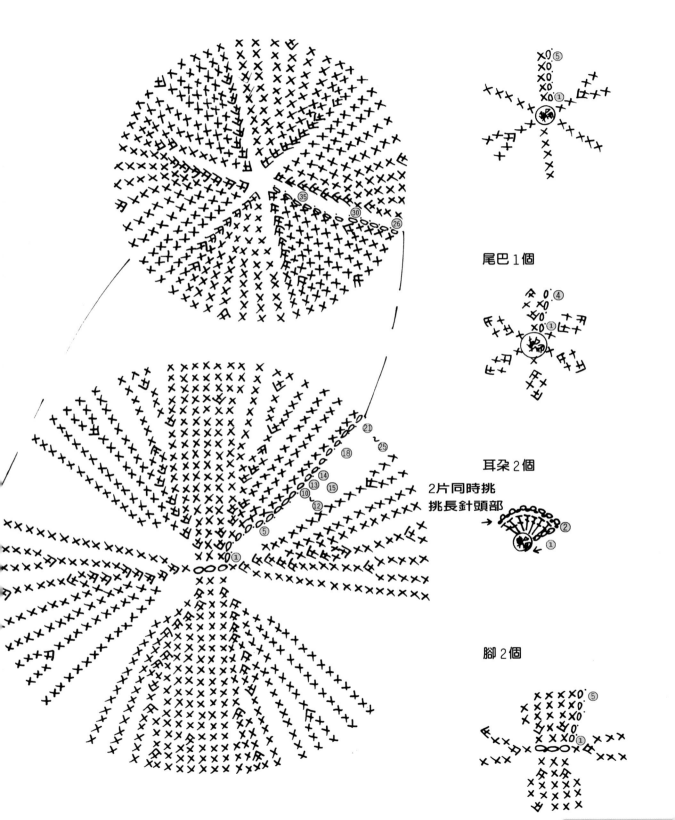

一蹦一跳活潑的蚱蜢一跟我比一比，
看誰跳的遠！！

蚱蜢

材　　料：4、5號鉤針用毛線，孔雀綠65g、黃色50g、紫色5g。

附 屬 品：眼睛配件半圓10mm一副、化纖棉花適量、填充晶體適量、紅色繡
　　　　　線一段、＃28鐵絲20cm、白色不織布一片。

用　　品：單編鉤針（金色）4/0號、毛線縫線、縫線針、白膠、剪刀。

成品尺寸：高度約15cm、長度20cm。

15cm

20cm

編織順序與方法：

1. 依序織4隻前腳、2隻後腳，並在織最後1段前，先塞入棉花，再做結束。
2. 片狀織出背部和腹部後，兩片三邊1針的邊緣作『引拔』，一段各82針，用孔雀綠在兩片引拔的針目做一目『鎖針』、一目『引拔』的接合；在腹部10針回織2段後，輪邊1段24針，再放入1/6的填充晶體，塞入棉花，完成身體。
3. 頭織好塞入棉花後，頭與身體用『正面縫合』接合；腳與身體用『疏縫縫...
4. 鐵絲剪成兩段，沾上白膠再將孔雀綠毛線繞在鐵絲上。
5. 2個觸鬚圈圈在織最後一段前先塞棉花，將已繞好孔雀綠鐵絲的一邊沾上白...插入中心，另一邊沾上白膠，插在頭頂左右，成為觸鬚。
6. 將半圓10mm眼睛配件貼在白色不織布上，沿著眼睛撳出白眼球，作成一對...活眼睛。
7. 找出中心點，貼上眼睛；用紅色4股繡線繡上嘴型。
8. 用『疏縫縫合』縫上腳。

平=不加減針　　S=針數　　R=段數　　對折=短針接合　　←、→=渡線引返

背 孔雀綠

R	S	備註
41	14	-2
40	6	→
39	12	←
38	16	-2
37	8	←
36	12	→
35	18	-2
34	8	→
33	14	←
32	20	-2
31	8	←
30	16	→
17~29	22	平
16	22	+2
14.15	20	平
13	20	+2
11.12	18	平
10	18	+2
8.9	16	平
7	16	+2
6	14	+2
5	12	+2
4	10	+2
3	8	+2
2	6	+2
第1層	4	
起針	4	鎖針

腹 黃

R	S	備註
45	10	平
44	10	-2
43	12	平
42	12	-2
41	8	←
40	4	→
39	14	-2
38	8	→
37	4	←
36	16	-2
34.35	18	平
33	18	-2
31.32	20	平
30	20	-2
17~29	22	平
16	22	+2
14.15	20	平
13	20	+2
11.12	18	平
10	18	+2
8.9	16	平
7	16	+2
6	14	+2
5	12	+2
4	10	+2
3	8	+2
2	6	+2
第1層	4	
起針	4	鎖針

後腳 孔雀綠

R	S	備註
42	8	-2
41	10	-2
40	12	平
39	12	+2
38	10	+2
31~37	8	平
30	8	-2
29	10	-2
28	8	←
27	4	←
26	12	-2
25	8	←
24	4	←
23	14	平
22	8	←
21	4	←
18~20	14	平
17	14	-2
16	16	平
15	16	-2
14	18	平
13	18	-2
12	20	-2
11	22	-2
7~10	24	平
6	24	+6
4.5	18	平
3	18	+6
2	12	+6
第1層	6	

頭 孔雀綠

R	S	備註
16	24	-6
15	30	-6
13.14	36	平
12	36	-2
11	38	+2
8~10	36	平
7	36	+6
6	30	平
5	30	+6
4	24	+6
3	18	+6
2	12	+6
第1層	6	

前腳

R	S	備註	圈圈
17	3	對折	
6~16	6	平↑黃	
5	6	-2↓紫	
4	8	-2	圈圈
3	10	-2	6
2	12	+2	9
第1層	10	+6	6
起針	4	鎖針	

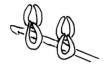

孔雀綠 { 3.輪編
2.在腹部
1.背、腹一起挑織一目鎖目一目引拔 }

24S

2.兩片引拔同時挑做
一目『引拔』接合，
一目『鎖目』。

背1片孔雀綠

黃色腹1片

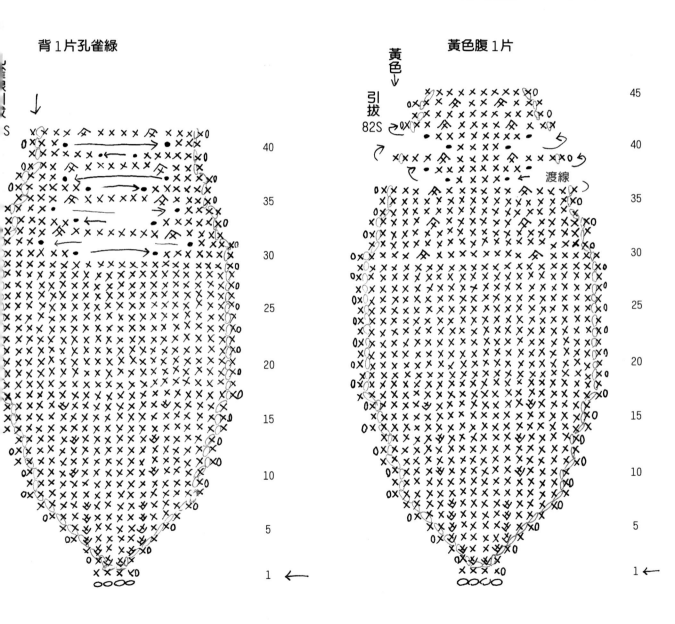

後脚 2 隻

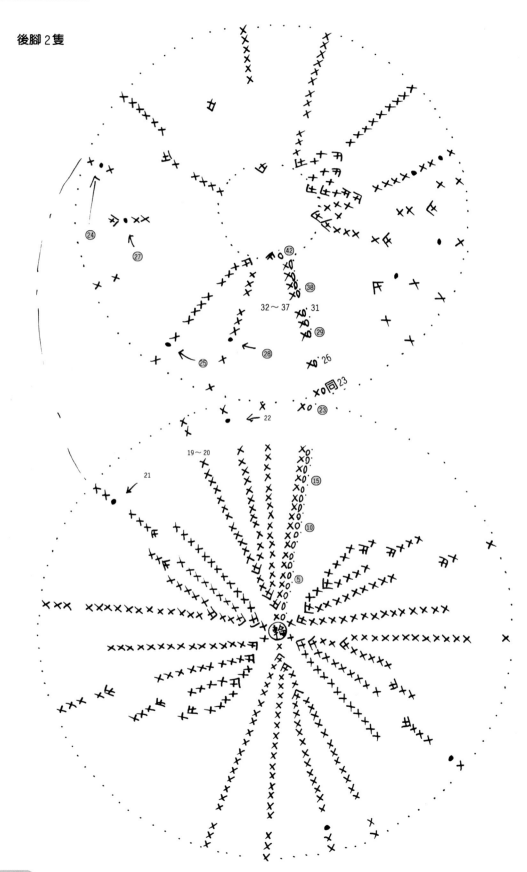

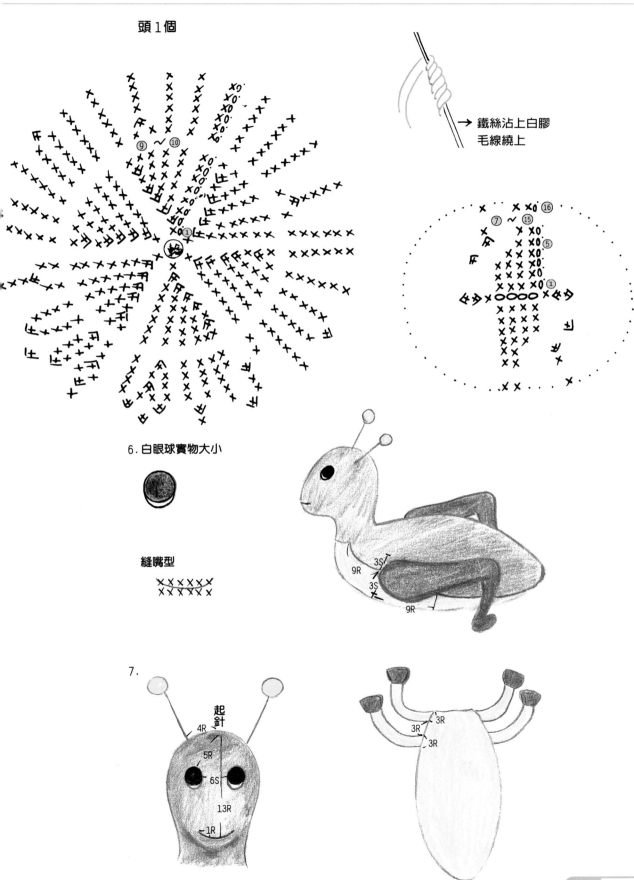

頭1個

→ 鐵絲沾上白膠
毛線繞上

6.白眼球實物大小

縫嘴型

7.

起針

4R
5R
6S
13R
1R

3S
9R
3S
9R

3R
3R
3R

小母雞

比誰都愛自己的孩子的小母雞──一針
一針織出無限母愛⋯

材　　料： 4、5號鉤針用毛線，咖啡色雞......咖啡色50g、深咖啡色25g、
　　　　　　　　　　　　黃色15g、紅色10g。

　　　　　　　　橘　色雞......橘　色50g、深橘色25g、
　　　　　　　　　　　　金黃色15g、紅色10g。

附 屬 品： 眼睛配件11.5目玉釦一副、化纖棉花適量、填充晶體適量、黑色縫
　　　　　　線一段。

用　　品： 單編鉤針（金色）4/0號、毛線縫線、縫線針、剪刀。

成品尺寸： 高度約18cm、腳到尾巴長度約16.5cm。

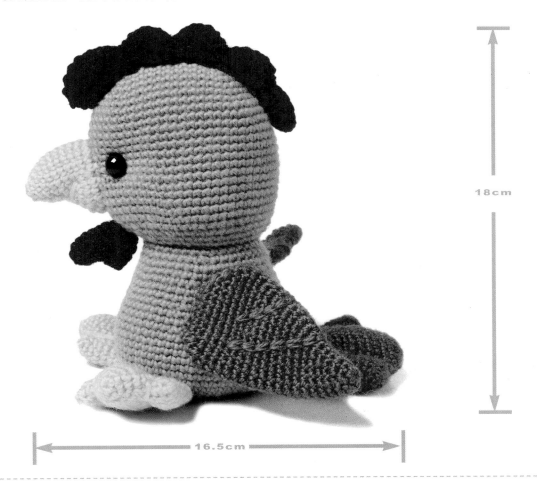

18cm

16.5cm

POINT *

編織順序與方法： 1.依序鉤織頭、身體、嘴、2片雞冠、2個翅膀；尾巴、2隻腳、下巴雞冠織到☆
接挑事先織好的鎖目再『輪編』。

2.尾巴、腳、翅膀在最後1段對折，2目同時挑做『短針接合』，然後在織片上面『引拔』。

3.2片雞冠重疊做一目『鎖針』、一目『引拔』的接合，兩片『疏縫』成為一片

4.嘴用同色線縫一個嘴型。

5.黑色縫線直縫於兩側，拉緊縫成眼窩，再縫上眼睛。

6.用『疏縫縫合』縫上雞冠、下巴雞冠、嘴。

7.身體底部放入約1/6填充晶體，頭與身體再塞入棉花找出中心點用『正面縫合

8.尾巴、腳塞入棉花後，用『疏縫縫合』縫上尾巴、腳及翅膀。

平=不加減針　　S=針數　　R=段數　　對折=短針接合　　←、→=渡線引返

	翅膀 深咖啡、深橘		尾巴 深咖啡、深橘			腳 黃、金黃		嘴 黃、金黃		下巴 紅色	
22	9	對折									
21	17	−4									
20	21	−4									
19	25	−1									
18	26	−2									
17	28	+2	尾巴 深咖啡、深橘								
16	26	平	22	平							
15	26	+2	22	平							
14	24	平	22	平		腳 黃、金黃					
13	24	+2	22	−4		16	平				
12	22	+2	26	平		16	−4	嘴 黃、金黃			
11	22	+2	26	平		20	平	23	平		
10	20	平	26	平		20	平	13	←		
9	20	+2	26	−8		20	−4	23	+2	下巴 紅色	
8	18	+2	34	平		24	平	21	+2	12	−1
7	16	+2	34	平		24	平	19	+2	12	−1
6	14	+2	34	−8		24	−4	17	+2	13	+5☆
5	12	+2	42	+22☆		28	+14☆	15	平	8	平
4	10	平	20	+2	16	14	平	15	+3	8	平
3	10	+2	18	+9	15	14	+5	12	+3	8	+1
2	8	+2	9	+3	14	9	+3	9	+3	7	+1
第1層	6		6			6		6		6	

	身體　咖啡、橘色			頭　咖啡、橘色	
27	34	平			
26	34	-6	26	34	平
24.25	40	平	25	34	-5
23	40	-6	24	39	-5
21.22	46	平	23	44	平
20	46	-6	22	44	-5
18.19	52	平	21	49	-5
17	52	-6	20	54	平
15.16	58	平	19	54	+2
14	58	-2	17.18	52	平
10~13	60	平	16	52	平
9	60	+6	9~15	52	平
8	54	+6	8	52	+6
7	48	+6	7	46	平
6	42	+6	6	46	+6
5	36	+6	5	40	平
4	30	+6	4	40	+6
3	24	+6	3	34	+6
2	18	+6	2	28	+6
第1層	12	+7	第1層	22	+12
起針	5	鎖針	起針	5	鎖針

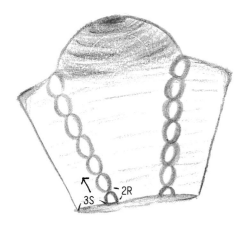

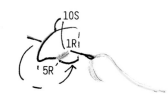

2.尾巴『引拔』

4.縫嘴型

5.縫個眼窩

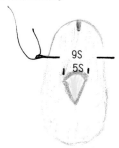

6.

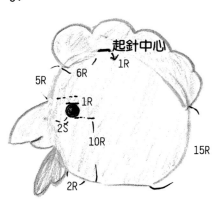

8.

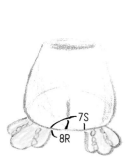

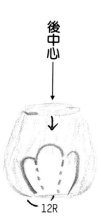

翅膀 2片

22. о××××××××
（對折短針接合）

下巴雞冠

嘴 1片

渡線

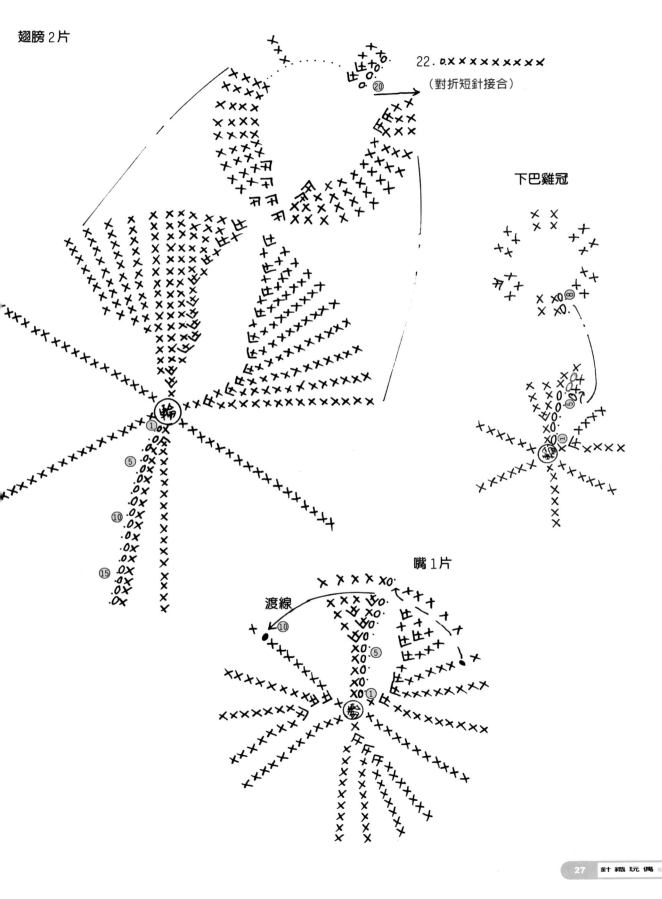

腳 2片

∞ 事先織好的鎖目

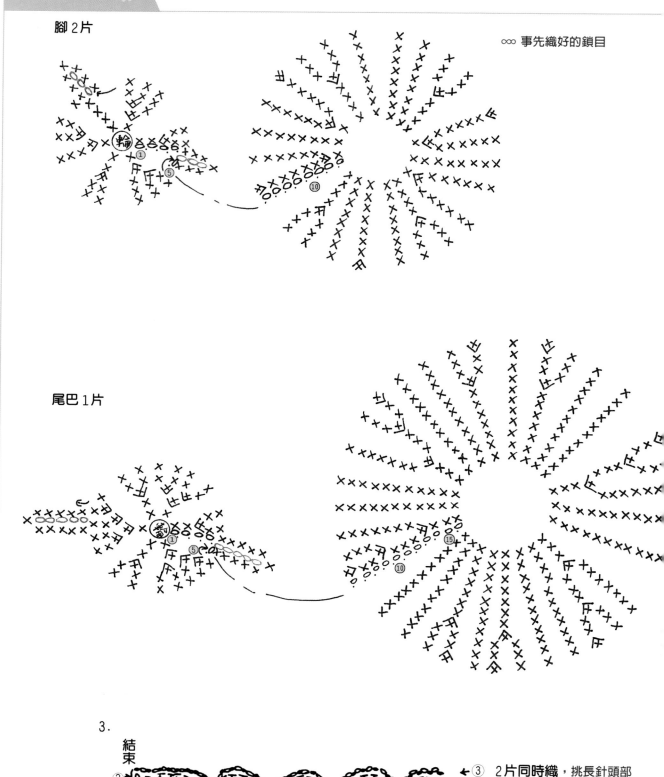

尾巴 1片

3.

結束

② 疏縫

← ③ 2片同時織，挑長針頭部

← ①

前　　　　　　　　後

翅膀 1個

身體 1個

前面

後面

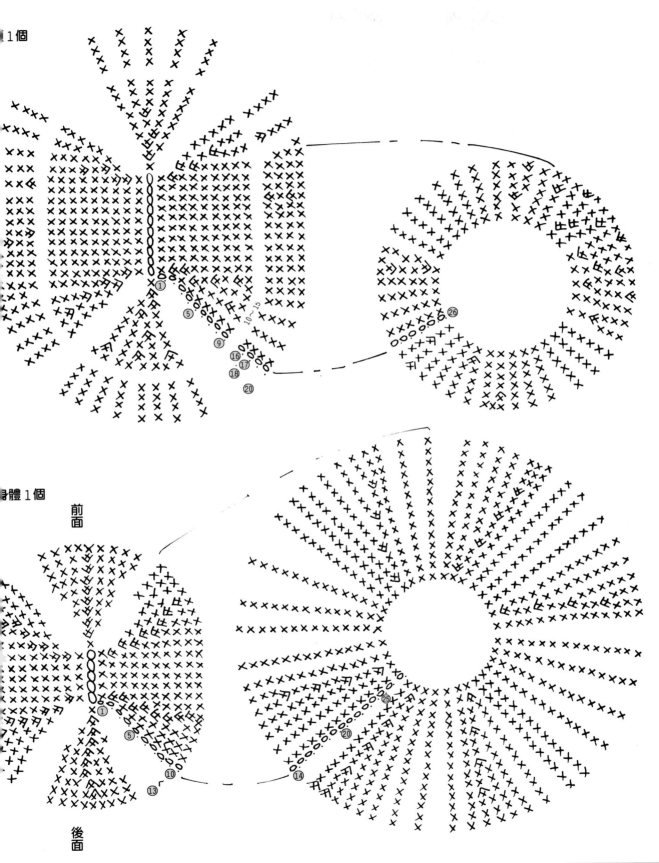

五彩毛毛蟲

全世界最可愛的毛毛蟲—溫柔的給小
毛毛蟲織件溫柔的五彩衣吧…

才　　料： 4、5號鉤針用毛線，紅色25 g、黃色25 g、綠色25 g、橘色20 g、
　　　　　紫紅色20 g、紫色20 g、白色25 g。

付 屬 品： 眼睛配件半圓10mm一副、鼻子配件橢圓形8mm一個、化纖棉花適量。

用　　品： 單邊鉤針（金色）4/0號、毛線縫針、白膠、剪刀。

成品尺寸： 長度31cm。

31cm

編織順序與方法：1.頭織最後1段結束前塞入棉花，找出中心點，貼上眼睛和鼻子；織2條白色15目『雙重鎖針』，當觸鬚縫於頭部兩側。

2.依序及不同顏色由1 個小圓、2個中圓，都在1個圓最後1段結束前塞入棉花。

3.大圓另一端與頭用『疏縫』接合。

4.10隻腳織最後1段結束前塞入棉花，用『疏縫』縫上。

平=不加減針　　　S=針數　　　R=段數　　　對折=短針接合

R	S	平/加減	R	平/加減	R	S	平/加減	R	S	平/加減	R	S	平/加減
											大圓		
											81	6	-6 ↓
											80	12	-6
											79	18	-6
											78	24	-6
							中圓			77	30	-6
							45	12	-6 ↓橘色	76	36	平
							44	18	-6	75	36	-6
							43	24	-6	69~74	42	平
頭								42	30	平	68	42	+6
23	7	-7						41	30	-6	67	36	平
22	14	-6						35~40	36	平	66	36	+6
21	20	-8						34	36	+6	65	30	+6
20	28	-6						33	30	平	64	24	+6
19	34	-3						32	30	+6	63	18	+6
18	37	-4						31	24	+6	62	12	-6 ↓
17	41	-2						30	18	+6	61	18	-6
16	43	-1						29	12	-6 ↓紫色	60	24	-6
15	44	+2 ↑白			小圓 紫色			28	18	-6	59	30	-6
9~14	42	平 ↓紅			14	12	-6	27	24	-6	58	36	平
8	42	+6			13	18	-6	26	30	平	57	36	-6
7	36	平	腳	白	12	24	-6	25	30	-6	52~56	42	平
6	36	+6	5	對折	6~11	30	平	20~24	36	平	51	42	+6
5	30	+6	9	平	5	30	+6	19	36	+6	50	36	平
4	24	+6	9	平	4	24	+6	18	30	平	49	36	平
3	18	+6	9	+3	3	18	+6	17	30	+6	48	30	+6
2	12	+6	6		2	12	+6	16	24	+6	47	24	+6
第1層	6				第一層	6		第15層	18	+6	第46層	18	+6

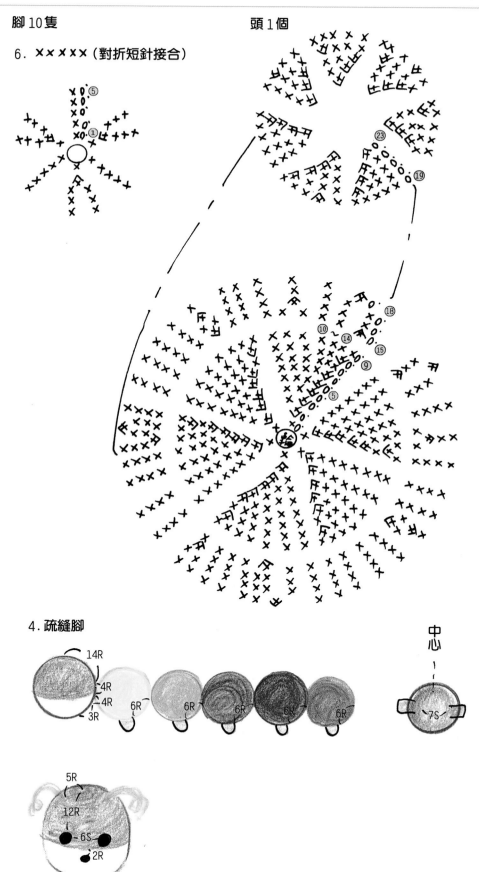

腳10隻

頭1個

6. ×××× (對折短針接合)

⑤
①
23
19
18
10
14
15
9
5

4. 疏縫腳

14R
4R
4R
3R
6R
6R
6R
6R
6R

中心

7S

5R
12R
6S
2R

身體

閃耀著雄糾糾氣勢的駝鳥─把牠的氣勢揮灑出來吧…

駝鳥

* **材　　料：** 4 、5號鉤針用毛線，白色15 g 、黑色15 g 、亮黑絨線25 g 。

附　屬　品： 眼睛配件黑色3分小珠2個、化纖棉花適量、白色縫線、＃18鐵絲2
　　　　　　支。

用　　品： 單邊鉤針（金色）4/0號、毛線縫針、白膠、剪刀、縫線針。

成品尺寸： 高度約22cm。

22cm

編織順序與方法：

1. 由頭頂開始織，在塞入棉花，繼續到24段一邊織一邊塞入棉花成為頸部。
2. 用另外1條線，在頭部第4段挑2併針短針，頭、尾線頭藏入，在用白膠固定成一個嘴型。
3. 縫上眼睛，剪2cm黑色毛線，對折鉤在頭頂，並用白膠固定。
4. 身體在織最後一段結束前，先塞入棉花完成，用『疏縫』縫，接上脖子。
5. 然後用亮黑絨線，順著原織身體方向，在每隔1個短針，做三目『鎖針』、一目『引拔』，每隔一段織，跳過縫脖子部份不用織，身體成添滿駝鳥毛樣子。
6. 用＃18鐵絲折成如圖樣，長度約13cm，在9cm到腳趾部分沾上白膠，用白色毛線繞到看不到鐵絲止。
7. 腳步由上織到腳趾，結束前由腳趾處插入已繞白線鐵絲，塞入棉花，再對折一起一目『鎖針』、一目『引拔』結束。
8. 將腳多出鐵絲部分沾上白膠插入身體，在四周用『疏縫』縫固定。

平=不加減針　　　S=針數　　　R=段數　　　對折=短針接合↑↓　　　←=渡線引返

						腳	白				
						27	8	如圖　對折			
						23~26	16	平			
21	36	平				22	16	+4			
20	36	−3				21	12	平			
18、19	39	平				20	12	+4			
17	39	−3	身體	黑		19	8	+4			
14~16	42	平	32	6	−6	18	4	−4			
13	42	+3	31	12	−6	17	8	平	頭、脖子	白	
11、12	39	平	30	18	−6	16	8	+2	24	7	平
10	39	+3	29	24	+3	7~15	6	平	23	7	+2
7~9	36	平	28	21	+3	6	6	−2	7~22	5	平
6	36	+6	27	18	−4	5	8	平	6	5	−1
5	30	+6	26	22	−3	4	8	+4	5	6	平
4	24	+6	25	25	−3	3	4	−4	4	4	←—2
3	18	+6	24	28	−3	2	8	平	3	8	平
2	12	+6	23	31	−3	第1層	8	平	2	8	+2
第1層	6		第22層	34	−2	起針	8	鎖針	第1層	6	

5. ＃28鐵絲
實物大小腳趾型

9cm
繞白線

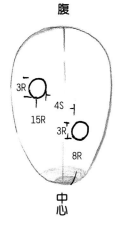

腹
3R
4S
15R
3R
8R
中心
7.縫腳位置

背
3S
3R
4R
中心
縫脖子位置

3.用黑毛線
1R
4S
3R
2.黏白膠成嘴型

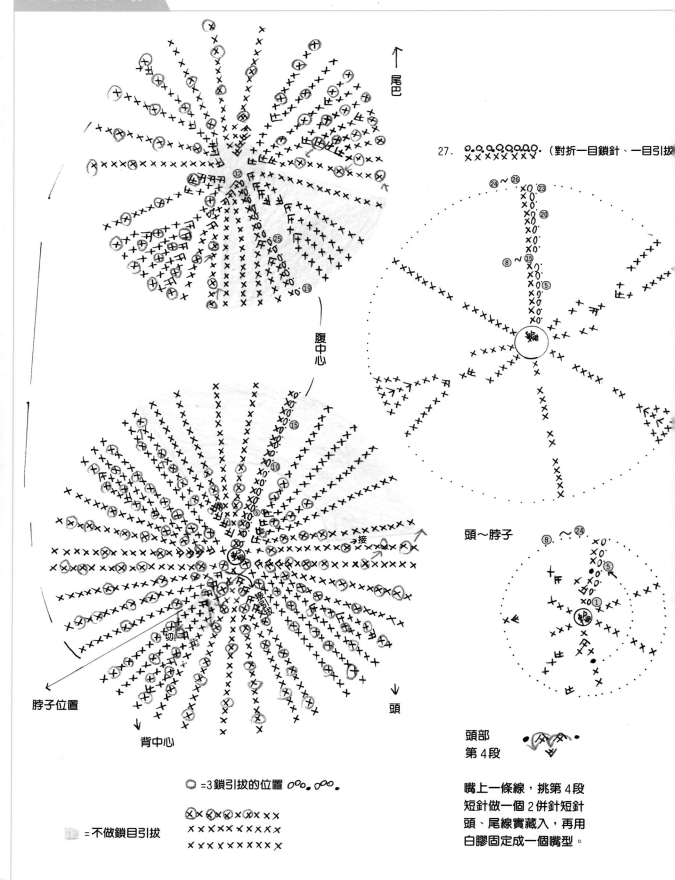

尾巴

27. （對折一目鎖針、一目引拔

腹中心

頭～脖子

頭部
第4段

脖子位置

背中心

頭

嘴上一條線，挑第4段
短針做一個2併針短針
頭、尾線實藏入，再用
白膠固定成一個嘴型。

◯ =3鎖引拔的位置

🔲 =不做鎖目引拔

烏龜
turtle

歪著頭穿著一身綠衣裳的小烏龜－正探頭在看這美麗的世界呢！

烏龜

材　　　料：4、5號鉤針用毛線，綠色50 g 、銀光綠20 g 。
附 屬 品：眼睛配件半圓6mm三副、化纖棉花適量、填充晶體適量。
用　　　品：單邊鉤針（金色）4/0號、毛線縫針、白膠、剪刀。
成品尺寸：高度約8cm、長度16cm。

8cm

16cm

編織順序與方法：
1. 頭織後塞入棉花，找中心點貼上眼睛，用綠色毛線縫上嘴型。
2. 龜背織好，看著19段與14.15段間做『引拔』接合。
3. 尾巴織好塞入棉花，用『疏縫』縫於烏龜背尾部。
4. 腹部織好折一段用『斜針縫』完成，用『疏縫』與龜背由尾部開始接合，接到頭部時底部放好填充晶體，塞入棉花，與頭部也用『疏縫』接合完成。
5. 4隻腳織好後放入棉花，靠腹部內側折入3段，用『疏縫』縫於腹部。

平=不加減針　　　S=針數　　　R=段數　　　←、=渡線

R	龜背　綠色	腹部　銀光綠	頭　綠色	腳　綠色	尾巴　綠色
24			19		
23			10　←		
22			19		
21	龜背　綠色		10　←		
20	引拔於14、15段間		19		
19	64　−6		10　←		
18	72　−6		19		
17	78　平		10　←		
16	78　+6		19		
15	72　+6	腹部　銀光綠	10　←		
14	64　平	14　→折入斜針縫	19　平		
13	64　+6	14　←	19　−2		
12	58　平	16　→	21　−6		
11	58　+6	68　平	27　−5		
10	52　平	68　平	32　−2	腳　綠色	
	52　+6	68　+6	34　+4	6　−6	
	46　平	60　+6	30　平	12　−6	尾巴　綠色
	46　+6	54　+6	30　+6	18　平	7　↓
	40　平	48　+6	24　平	18　+2	7
	40　+6	42　+6	24　+6	16　+4	7　平
	34　+6	36　+6	18　平	12　−2	7　↑
	28　+6	30　+6	18　+6	14　平	7　+2
	22　+6	24　+6	12　+6	14　−2	5　平
第1層	16　+9	18　+10	6	16	5
起針	7　鎖針	8　鎖針			

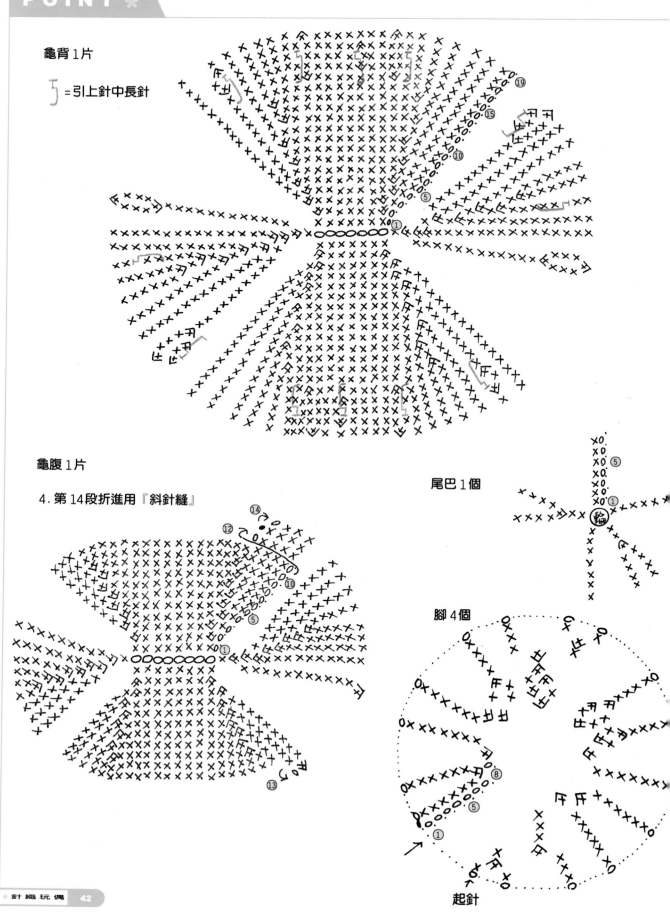

龜背 1 片

⌡ = 引上針中長針

龜腹 1 片

4. 第 14 段折進用『斜針縫』

尾巴 1 個

腳 4 個

起針

頭1個

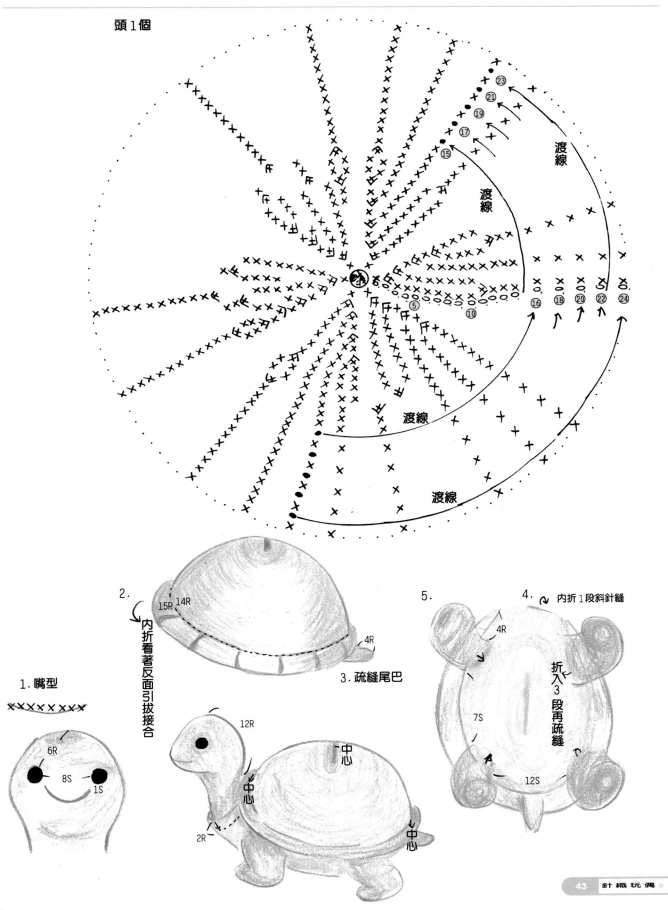

渡線

渡線

渡線

渡線

⑤ ⑩ ⑮ ⑯ ⑰ ⑱ ⑲ ⑳ ㉑ ㉒ ㉓ ㉔

2. 内折看著反面引拔接合
15R 14R
4R

3. 疏縫尾巴

1. 嘴型
× × × × × × × ×
6R
8S
1S

12R
中心
中心
2R
中心

5.
4R
7S
12S

4. ↻ 内折1段斜針縫
折入3段再疏縫

在脖子上綁著蝴蝶結，最適合溫馴的
鵝了嗯…綁個蝴蝶結是不是更〝卡哇
伊〞了呢？

材　　料： 4、5號鉤針用毛線，白鵝......白色90 g、金黃色10 g
　　　　　　黑鵝......黑色45 g、紅色5 g。

附 屬 品： 眼睛配件黑色4分小珠6個、白色縫線一段、黑色縫線一段、3分小珠
　　　　　 4個、塑膠小花3朵、塑膠大花3朵、黃色雪紡紗緞帶60cm、粉紅色緞
　　　　　 帶30cm、填充晶體適量、化纖棉花適量。

用　　品： 單邊鉤針（金色）4/0號、毛線縫針、剪刀、縫線針。

成品尺寸： 長度約18cm。

18cm

編織順序與方法：
1. 由嘴開始織第1～4段為金黃色（紅色）嘴，換白色（黑色）由短針腳部挑織，從頭到身體是一體成型，第19段塞入棉花，第50段放入填充晶體、塞入棉花，最後一段前塞入棉花，再結束。
2. 織腳最後1段前塞入棉花，再做結束，腳趾部分不塞棉花；用『疏縫』將腳縫於身體。
3. 縫上眼睛，綁上蝴蝶結，在蝴蝶結上縫上小珠（塑膠小花）。

平=不加減針　　　S=針數　　　R=段數　　　對折=短針接合　　　←=渡線引返

R	S	加減	換色	R	S	加減	R	S	加減	腳 R	S	加減
21	26	+4		41	27	←						
20	22	+4		40	17	←						
19	18	+4		39	7	←		全身				
18	14	+2		36～38	50	平	56	如圖				
14～17	12	平		35	50	+4	55	10	-6			
13	12	-2		34	46	平	54	16	平			
12	14	-2		33	46	+4	53	16	-6			
11	16	平		32	31	←	52	22	平			
10	16	-2		31	21	←	51	22	-7			
9	18	平		30	11	←	50	15	←	腳 金黃、		
8	18	平		29	42	+4	49	11	←	11	7	如圖
7	18	+4		28	38	平	48	5	←	10	14	平
6	14	+2		27	38	+4	47	29	平	9	14	+4
5	12	平	↑白、黑	26	34	+4	46	29	-7	8	10	平
4	12	+2	↓金黃、紅	25	30	+4	45	36	平	7	10	+4
3	10	+2		24	17	←	44	36	-7	6	6	+1
2	8	+2		23	11	←	43	43	平	2～5	5	平
第1層	6			第22層	5	←	第42層	43	-7	第1層	5	

1.第5段換色挑短針腳部

7S
4R

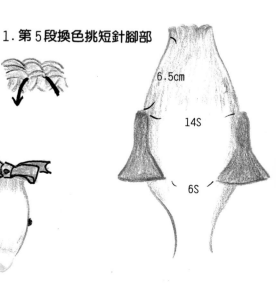
6.5cm
14S
6S

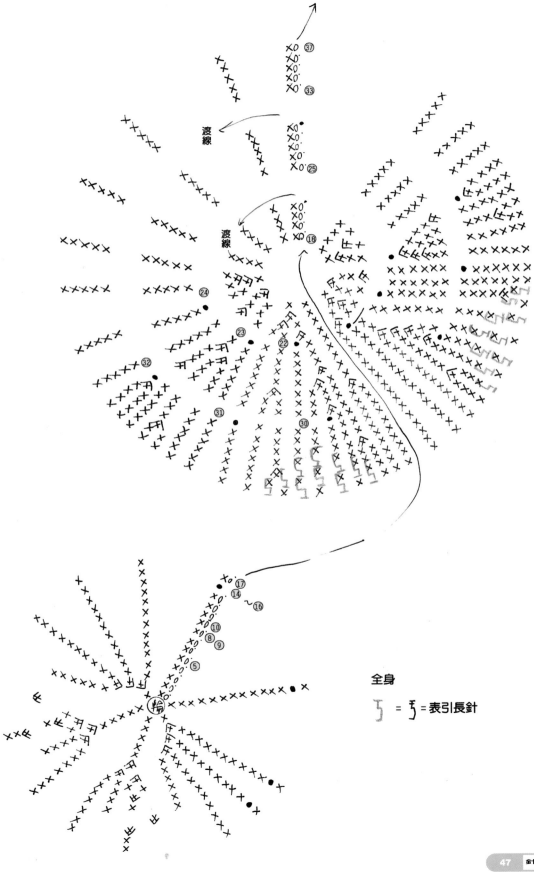

渡線

渡線

全身

┇ = ┇ = 表引長針

腳 2 隻

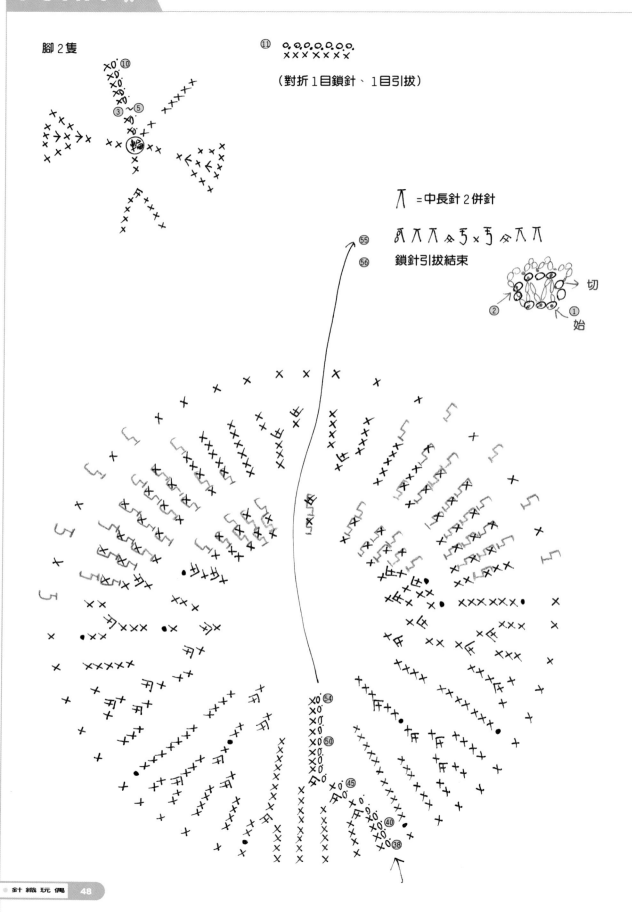

⑪

（對折 1 目鎖針、1 目引拔）

⑩

③～⑤

⊼ ＝中長針 2 併針

⑤⑤

⑤⑥　鎖針引拔結束

切

②

①

始

⑤④

⑤⓪

④⑤

④⓪

③⑧

三隻小豬

三隻活潑又大方的小豬─牠們是最乾淨又可愛的豬哦！

材　　料：4、5號鉤針用毛線，白色40ｇ；藍色、紅色各少許；粉紅色、淺黃色、淺綠色夏紗各少許。

附　屬　品：眼睛配件半圓10mm三副、化纖棉花適量、白色縫線、3分小珠三個、塑膠小花三朵、黃色雪紡紗緞帶15cm。

用　　品：單邊鉤針（金色）4/0號、2/0號、毛線縫針、白膠、剪刀、縫線針。

成品尺寸：高度約7cm、長度10cm。

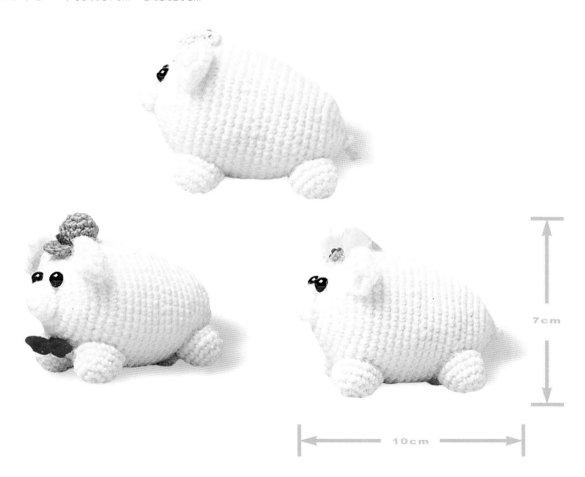

7cm

10cm

編織順序與方法：
1. 身體鉤織最後一段前塞入棉花，結束後連著織尾巴。
2. 嘴、腳織後塞入棉花，用『正面縫合』縫上。
3. 耳朵用『疏縫』縫上。
4. 貼上眼睛。
5. 緞帶『縮縫』後，用『正面縫合』縫在頭頂。在緞帶前縫上塑膠小花。
6. 用夏紗織出花朵，小珠做花心縫於頭頂。
7. 織好帽子後，用『疏縫』縫於頭上；另織一個領結縫於胸前。

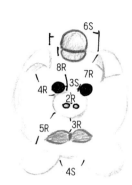

平=不加減針　　　S=針數　　　R=段數

	身體　白								
28〜30	如圖								
27	7	−7							
26	14	−7							
25	21	−7							
24	28	平							
23	28	−4							
22	32	平							
21	32	−4							
20	36	平							
19	36	−4							
17、18	40	平							
16	40	−4							
15	44	平							
14	44	−2							
13	46	平							
12	46	+2							
9〜11	48	平	耳朵　白						
8	48	+8	4	平					
7	40	+5	4	−2	帽子　藍				
6	35	+7	6	−2	6	−2	前腳　白		後腳　白
5	28	平	8	+2	8	−4	16	平	15	平
4	28	+7	6	+2	12	平	16	+4	15	+3
3	21	+7	4	+2	12	平	12	平	12	平
2	14	+6	2	+1	12	+6	12	+6	12	+6
第1層	8	+5	1		6		6		6
起針	3	鎖針	1	鎖針					

5. 緞帶疏縫

帽子1個　　　後腳2個　　　前腳2個　　　嘴1個

全身1個

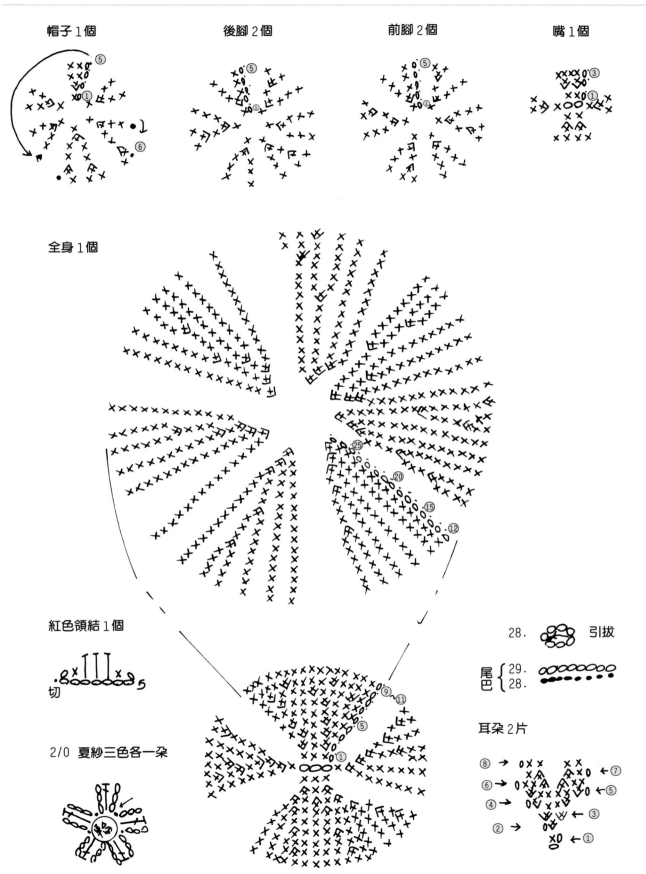

紅色領結1個

切

2/0 夏紗三色各一朵

28. 引拔

尾巴 { 29.
         28.

耳朵2片

最忠誠，不會說謊的狗狗—讓牠們永
遠陪伴在你身邊。

臘腸狗

材　　料： 4、5號鉤針用毛線，白色40g、淺黃色5g、粉紅色5g、淺藍色5g、
銀光綠5g。

附 屬 品： 眼睛配件半圓8mm一副、化纖棉花適量、填充晶體適量、白色繡線
一段。

用　　品： 單編鉤針（金色）4/0號、毛線縫線、縫線針、白膠、剪刀。

成品尺寸： 高度約8cm、長度約21cm。

編織順序與方法：

1. 織頭部最後1段前塞入棉花，再做結束。在眼睛部位縫一個眼窩（同雞說明貼上眼睛。

2. 織淺黃色、粉紅色、淺藍色、銀光綠各兩個圓，最後1段前塞入棉花，再做束。

3. 依序織好兩個耳朵、尾巴，塞入棉花；織好4隻腳，先放入填充晶體，再塞花。

4. 將頭與身體的第一個圓用『疏縫』縫上；尾巴與最後一個圓用『疏縫』縫上再由頭部第一個圓，依序串起其他的圓到尾巴，拉緊後（第1個圓～第8個圓11.5cm）來回穿縫固定。

5. 耳朵與腳用『疏縫』縫上。

平=不加減針　　　S=針數　　　R=段數

	頭 白		身		尾巴 白		前腳 白		後腳 白		耳朵 白	
16	10	−2										
15	12	−6										
14	18	−6			10	↓						
13	24	+4			10	平						
12	28	+2			10	↑	11	↓	13	↓		
11	26	+2			10	+2	11	平	13	平		
10	24	平	6	−6	8	+2	11	↑	13	↑	11	↓
9	24	+2	12	−6	6	+1	11	−1	13	−1	11	平
8	22	+2	18	−6	5	+1	12	−2	14	−2	11	↑
7	20	平	24	↓	4	−4	14	−2	16	−2	11	−2
6	20	+1	24	平	8	平	16	−4	18	−4	13	−2
5	19	+1	24	↑	8	平	20	−4	22	−4	15	−2
4	18	+2	24	+6	8	+2	24	平	26	平	17	−3
3	16	+2	18	+6	6	平	24	+6	26	+6	20	+3
2	14	+6	12	+6	6	平	16	+6	20	+6	17	+3
第1層	8	+5	6		6		10	+5	14	+8	14	+8
起針	3	鎖針					5	鎖針	6	鎖針	6	鎖針

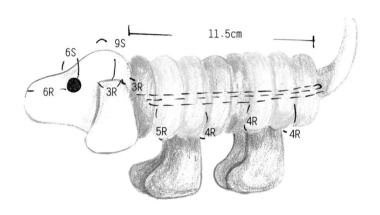

6S　　9S　　11.5cm
6R　　3R　3R
5R　　4R　4R　4R

身體圓 8個

尾巴 1個

後腳 2個

前腳 2個

頭 1個

耳朵 2個

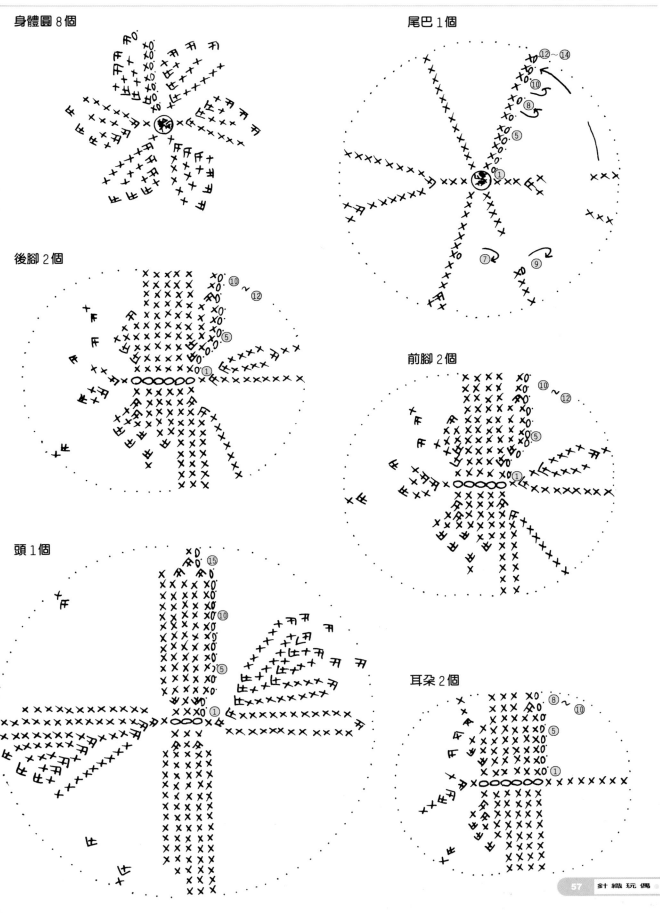

熊寶寶

走到哪，帶到哪，最乖巧的小熊隨時都能坐下看著你，是最好的POSE。

材　　料：4、5號鉤針用毛線，白色70g、淺藍色10g。

付 屬 品：眼睛配件半圓12mm1副、化纖棉花適量、填充晶體適量、5分小珠2
　　　　　個、鼻子配件橢圓形8mm1個、白色縫線。

用　　品：單編鉤針（金色）4/0號、毛線縫線、縫線針、白膠、剪刀、修正
　　　　　液。

成品尺寸：高度約13cm。

13cm

編織順序與方法：
1. 依序將頭、嘴、尾巴、2個耳朵、2隻手、2隻腳織好，並塞入棉花；身體織好先放入6/1的填充晶體，再塞入棉花。
2. 將眼睛配件，用修正液點出閃閃亮光的眼睛。
3. 找出中心點，貼上眼睛；用『正面縫合』縫上嘴，貼上鼻子。
4. 用『正面縫合』將耳朵縫於頭頂兩邊；織好帽子用『疏縫』縫於頭頂。
5. 頭與身體用『正面縫合』接合；用『正面縫合』縫上手、腳、尾巴。
6. 於身體換色交接處『引拔』一圈淺藍色，縫上5分小珠2個做釦子裝飾。

平=不加減針　　　S=針數　　　R=段數　　　對折=短針接合

	頭 白			身體 淺藍		帽子 淺藍		嘴		耳朵 白			手 白			尾巴／腳	
27	24	−6										10	7	對折			
26	30	−6										3～9	14	+2			
25	36	平										2	12	+6	尾巴 白		
24	36	−6	身體 淺藍									第1層	6		3～5	12	平
23	42	平	21	24	平										2	12	+6
22	42	−6	20	24	−6										第1層	6	
21	48	平	19	30	平												
20	48	−6	18	30	−6												
19	54	平	14～17	36	平												
18	54	−6	13	36	−6												
9～17	60	平	9～12	42	平										腳		
8	60	+6	8	42	平	帽子 淺藍									8	16	平↑淺
7	54	+6	7	42	+6	35	+8	嘴		耳朵 白					7	16	−2↓白
6	48	+6	6	36	+6	27	+9	22	平	20	+6				6	18	−2
5	42	+6	5	30	+6	18	平	22	+4	24	+6				5	20	−2
4	36	+6	4	24	+6	18	平	18	+6	18	平				4	22	平
3	30	+6	3	18	+6	18	+6	12	+6	18	+6				3	22	+6
2	24	+6	2	12	+6	12	+6	6		12	+6				2	16	+6
第1層	18	+10	第1層	6		6		6		6					第1層	10	
起針	8 鎖針											4鎖針					

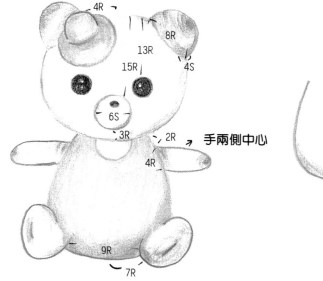

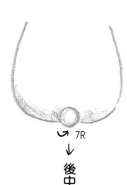

身體 1 個淺藍

× =白色

◯ =引拔：淺藍色

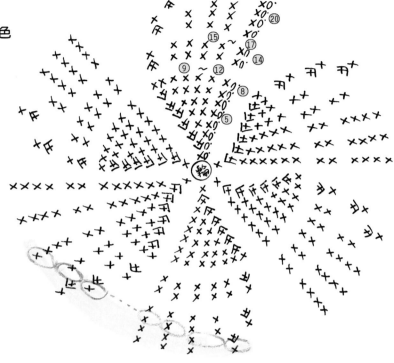

腳 2 個

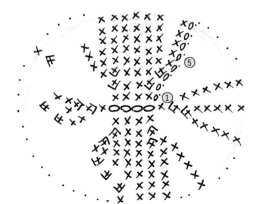

帽子 1 個

頭1個

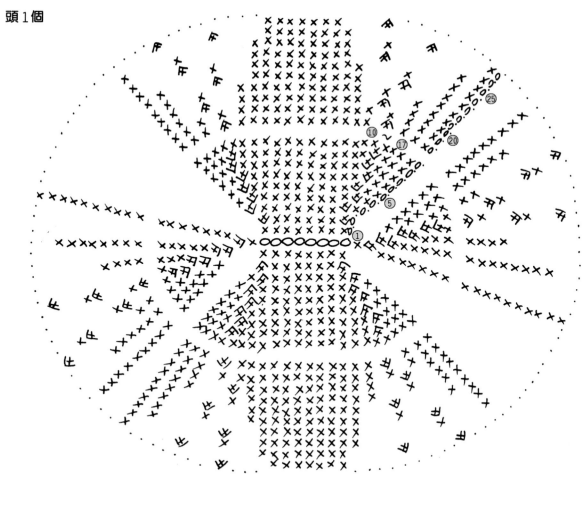

耳朵2個

嘴1個

手2個

尾巴1個

材　　料：4、5號鉤針用毛線，白色70g、粉紅色15g。

付　屬　品：眼睛配件圓型12mm1副、化纖棉花適量、填充晶體適量、5分小珠2
　　　　　個、20公分粉紅色緞帶、鼻子配件橢圓形8mm1個、白色縫線。

用　　品：單編鉤針（金色）4/0號、毛線縫線、縫線針、白膠、剪刀、修正
　　　　　液、口紅。

成品尺寸：高度約13cm。

13cm

編織順序與方法：

1. 依序將頭、嘴、尾巴、2個耳朵、2隻手、2隻腳織好，並塞入棉花；身體織先放入6/1的填充晶體，再塞入棉花。
2. 將眼睛配件，用修正液點出閃閃亮光的眼睛。
3. 找出中心點，貼上眼睛；用『正面縫合』縫上嘴，貼上鼻子。
4. 用『正面縫合』將耳朵縫於頭頂兩邊；將緞帶打一個蝴蝶結縫上。
5. 頭與身體用『正面縫合』接合；用『正面縫合』縫上手、腳、尾巴。
6. 先織衣服再由起針挑出裙擺，縫上5分小珠2個做釦子。
7. 兩夾用口紅輕輕擦上，當腮紅。

平=不加減針　　　S=針數　　　R=段數　　　對折=短針接合

段	頭	加減	段	身體	加減	嘴	加減	耳朵 白	加減	段	手 白	加減	段	尾巴／腳	加減
27	24	−6								10	7	對折			
26	30	−6								3〜9	14	+2			
25	36	平								2	12	+6	尾巴		
24	36	−6	身體							第1層	6		3〜5	12	平
23	42	平	21	24	平								2	12	+6
22	42	−6	20	24	−6								第1層	6	
21	48	平	19	30	平										
20	48	−6	18	30	−6										
19	54	平	14〜17	36	平										
18	54	−6	13	36	−6										
9〜17	60	平	9〜12	42	平								腳		
8	60	+6	8	42	平								8	16	平
7	54	+6	7	42	+6	嘴		耳朵 白					7	16	−2
6	48	+6	6	36	+6	22	平	20	+6				6	18	−2
5	42	+6	5	30	+6	22	+4	24	+6				5	20	−2
4	36	+6	4	24	+6	18	+6	18	平				4	22	平
3	30	+6	3	18	+6	12	+6	18	+6				3	22	+6
2	24	+6	2	12	+6	6		12	+6				2	16	+6
第1層	18	+10	第1層	6		6		6					第1層	10	
起針	8	鎖針								4鎖針					

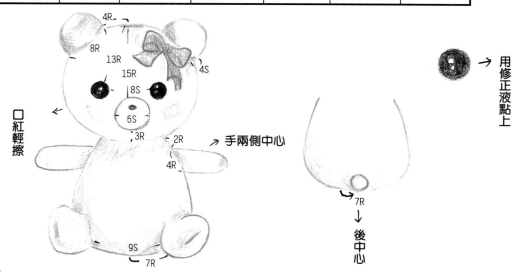

4R
8R
13R
15R
8S
6S
3R
2R
4R
9S
7R
口紅輕輕擦
手兩側中心

7R
後中心

用修正液點上

身體1個

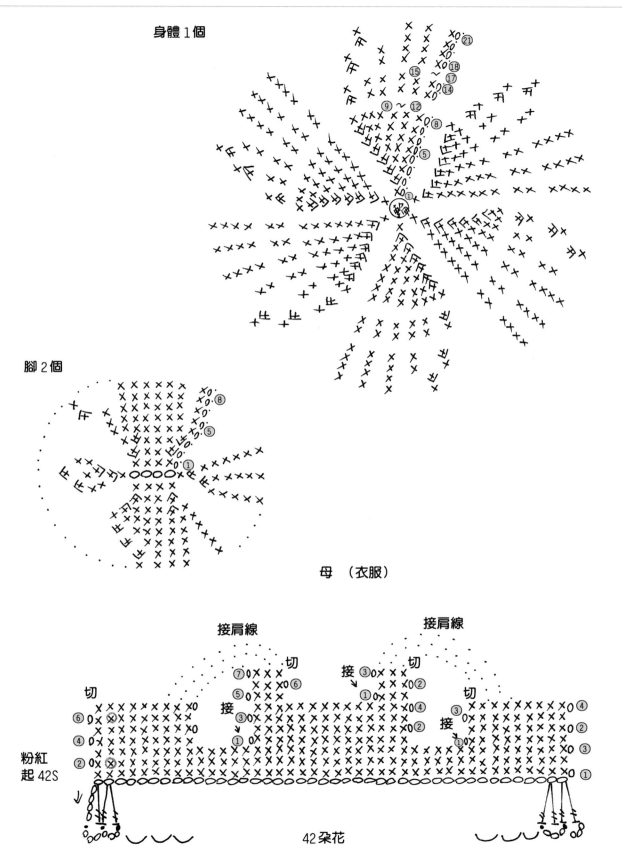

腳 2 個

母 （衣服）

接肩線　　　　　　接肩線

切　　　切

切　　　切

粉紅
起 42S

42 朵花

◯ =縫珠子（釦子）

頭1個

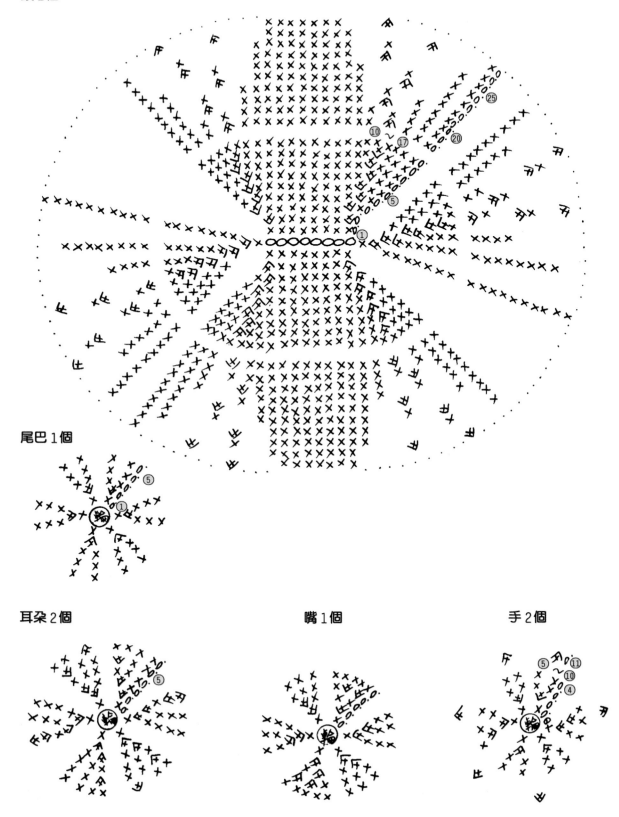

尾巴1個

耳朵2個

嘴1個

手2個

活潑溫馴絕不會讓人生氣的小熊──活潑
的牠，不擺個POSE怎麼看得出來呢？

熊寶貝

材　　料： 4、5號鉤針用毛線，白色65g、金黃色10g、綠色5g。

附 屬 品： 眼睛配件半圓12mm1副、化纖棉花適量、填充晶體適量、鼻子配件橢圓形8mm1個。

用　　品： 單編鉤針（金色）4/0號、毛線縫線、白膠、剪刀、修正液。

成品尺寸： 高度約13cm。

13cm

編織順序與方法：

1. 依序將頭、嘴、尾巴、2個耳朵、2隻手、2隻腳織好，並塞入棉花；身體織到第9段為腳部，2隻腳先織好後，第10段由2隻腳挑出並家4目織身體，織好先放入6/1的填充晶體，再塞入棉花。
2. 將眼睛配件，用修正液點出閃閃亮光的眼睛。
3. 找出中心點，貼上眼睛；用『正面縫合』縫上嘴，貼上鼻子。
4. 用『正面縫合』將耳朵縫於頭頂兩邊；織一頂帽子，『疏縫』於頭上。
5. 頭與身體用『正面縫合』接合；用『正面縫合』縫上手、尾巴。
6. 於身體換色交接處『引拔』一圈綠色，用綠色先繡上『十字繡』當鈕子。

平=不加減針　　S=針數　　R=段數　　對折=短針接合

頭　白

R	S	加減
27	24	-6
26	30	-6
25	36	平
24	36	-6
23	42	平
22	42	-6
21	48	平
20	48	-6
19	54	平
18	54	-6
9~17	60	平
8	60	+6
7	54	+6
6	48	+6
5	42	+6
4	36	+6
3	30	+6
2	24	+6
第1層	18	+10
起針	8 鎖針	

身體

R	S	加減	備註
22	24	平	
21	24	-6	
19、20	30	平	
18	30	-6	
16、17	36	平	
15	36	-6	
13、14	42	平	
12	42	+6	
11	36	平	
10	36	+4	挑2隻腳
9	16	平	↓腳　↑金黃
8	16	平	↑白
7	16	-4	
6	18	-2	
5	20	-2	
4	22	平	
3	22	+6	
2	16	+6	
第1層	10	+6	
起針	4鎖針		

嘴　白

S	加減
22	平
22	+4
18	+6
12	+6
6	

耳朵　白

S	加減
20	-4
24	+6
18	平
18	+6
12	+6
6	

尾巴　白

R	S	加減
3~5	12	平
2	12	+6
第1層	6	

帽子

R	S	加減
7	35	+8
6	27	+9 ↑金黃
5	18	平　綠
4	18	平 ↓金黃
3	18	+6
2	12	+6
第1層	6	

手

R	S	加減
11	7	對折
6~10	14	平 ↑綠
4、5	14	平 ↓白
3	14	+2
2	10	+6
第1層	8	

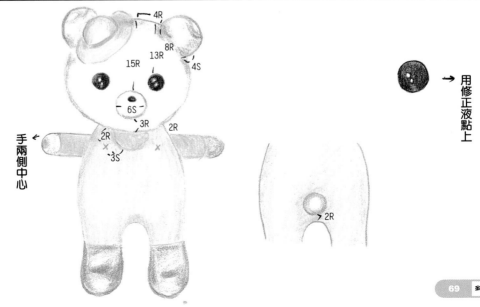

帽子1個　　　　　　　　　腳、身體1個

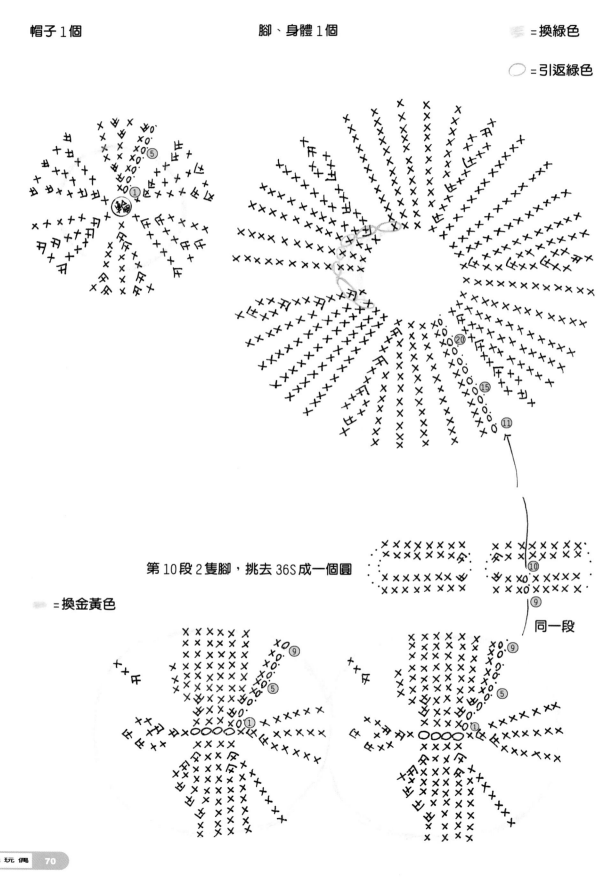

= 換綠色

= 引返綠色

第10段2隻腳，挑去36S成一個圓

= 換金黃色

同一段

頭1個

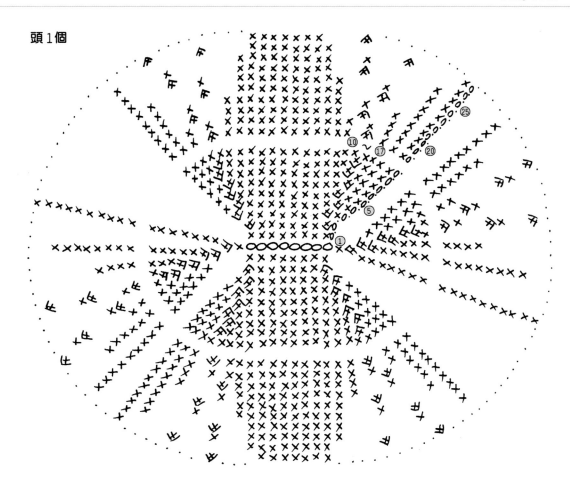

耳朵2個　　　　　嘴1個　　　　　手2個

尾巴1個

材　　料： 4、5號鉤針用毛線，白色70g、紅色10g、深紅色10g。

附 屬 品： 眼睛配件圓型12mm1副、化纖棉花適量、填充晶體適量、5分小珠2
個、5個四方珠、鼻子配件橢圓形8mm1個、白色縫線。

用　　品： 單編鉤針（金色）4/0號、毛線縫線、白膠、剪刀、修正液、縫線
針、口紅。

成品尺寸： 高度約13cm。

13cm

編織順序與方法：

1. 依序將頭、嘴、尾巴、2個耳朵、2隻手，並塞入棉花；身體織到第9段為腳部，2隻腳先織好後，第10段由2隻腳挑出並加4目織身體，織好先放入6/1的填充晶體，再塞入棉花。

2. 將眼睛配件，用修正液點出閃閃亮光的眼睛。

3. 找出中心點，貼上眼睛；用『正面縫合』縫上嘴，貼上鼻子。

4. 用『正面縫合』將耳朵縫於頭頂兩邊；織一朵小花，將5個四方珠當花心縫上。

5. 頭與身體用『正面縫合』接合；用『正面縫合』縫上手、腳、尾巴。

6. 先織衣服再由起針挑出裙擺，縫上5分小珠2個做鈕子，紅色毛線打蝴蝶結縫於衣服上。

7. 兩夾用口紅輕輕擦上。

平=不加減針　　S=針數　　R=段數　　對折=短針接合　　←、→=渡線引返

	頭			身體							身體
27	24	−6	22	24	平						
26	30	−6	21	24	−6						尾巴
25	36	平	19、20	30	平				3〜5	12	平
24	36	−6	18	30	−6				2	12	+6
23	42	平	16、17	36	平				第1層	6	
22	42	−6	15	36	−6						
21	48	平	13、14	42	平						
20	48	−6	12	42	+6						
19	54	平	11	36	平						
18	54	−6	10	36	+4 挑2隻腳						
9〜17	60	平	9	16	平 ↓腳						
8	60	+6	8	16	平						
7	54	+6	7	16	−4		耳朵				
6	48	+6	6	18	−2	嘴	20	−4			
5	42	+6	5	20	−2	22 平	24	+6		手	
4	36	+6	4	22	平	22 +4	18	平	11	7	對折
3	30	+6	3	22	+6	18 +6	18	+6	4〜10	14	平
2	24	+6	2	16	+6	12 +6	12	+6	3	14	+2
第1層	18	+10	第1層	10	+6	6	6		2	12	+6
起針	8 鎖針			4鎖針					第1層	8	

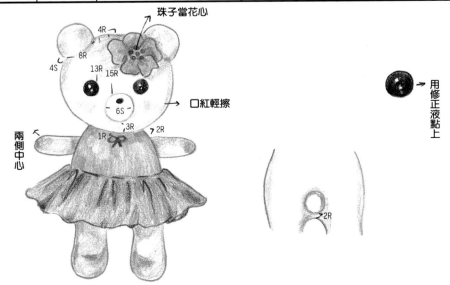

珠子當花心
4R
8R
4S
13R 15R
口紅輕擦
6S
1R 3R 2R
兩側中心

用修正液點上

2R

花一朵　　　　　腳、身體一個

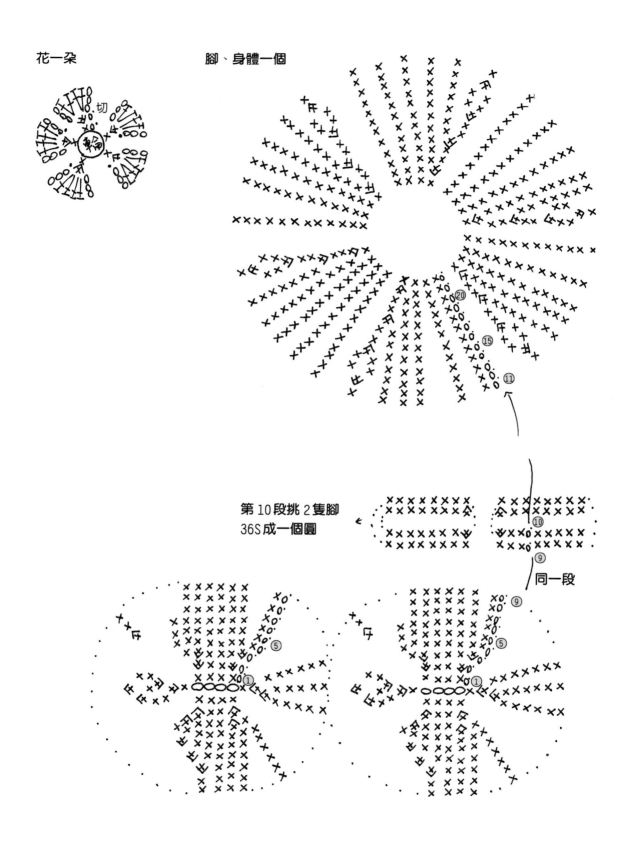

第10段挑2隻腳
36S成一個圓

同一段

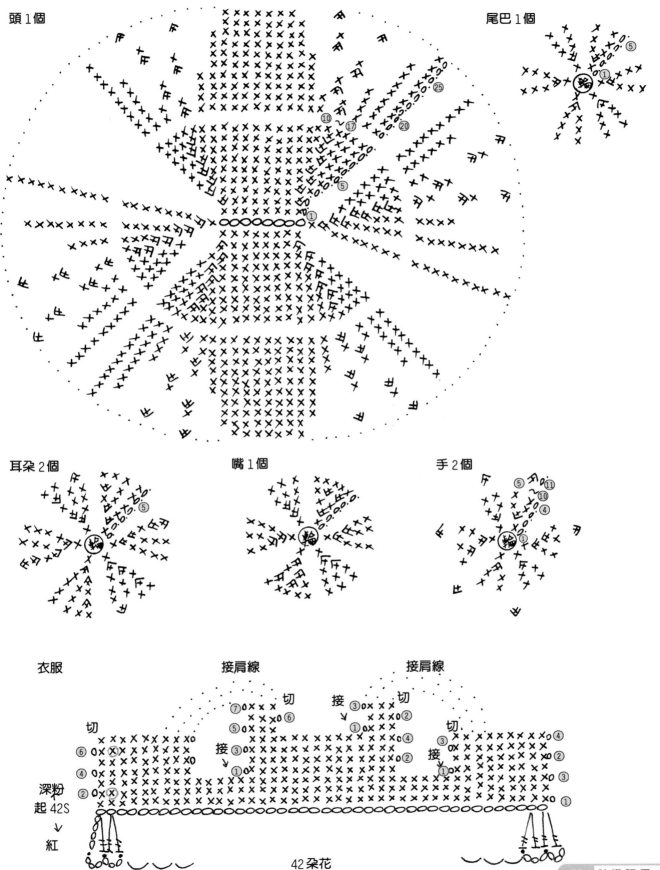

頭1個

尾巴1個

耳朵2個

嘴1個

手2個

衣服

接肩線　　　　　接肩線

切

深粉
起42S
↓
紅

42朵花

小老鼠

有一雙水汪汪大眼的小老鼠
－正甜蜜深情的望著你呢！

材　　料：4、5號鉤針用毛線，灰色40 g。

附 屬 品：眼睛配件半圓10mm一副、咖啡色繡線一段、黑色釣魚線40cm、化
纖棉花適量。

用　　品：單邊鉤針（金色）4/0號、毛線縫針、白膠。剪刀、縫線針。

成品尺寸：高度約8.5cm、長度12.5cm。

8cm

12.5cm

編織順序與方法：1. 依序織頭、身體、最後1段結束前塞入棉花。

2. 2片耳朵織好用『疏縫』縫上。

3. 找出中心點，縫個眼窩（同雞說明），貼上眼睛與鼻子，用繡線縫上鼻子和嘴，將釣魚線剪成3等份，穿於臉部，並沾上白膠固定。

4. 頭部16段處與身體用『疏縫』接合。

5. 4隻腳織最後1段結束前塞入棉花，用繡線繡上腳線，用『疏縫』接合。

6. 織20針『雙重鎖針』1條，織於尾部當尾巴。

平=不加減針　　S=針數　　　R=段數　　　對折=短針接合

	身體								
21	6	−6							
20	12	−6							
19	18	−6							
18	24	↓	頭						
17	24		7	−7					
16	24	平	14	−5					
15	24		19	−7					
14	24	↑	26	平					
13	24	−10	26	−9					
12	34	−2	35	平					
11	36	−2	35	−3					
10	38	平	38	平	耳朵				
9	38	平	38	平	6	對折			
8	38	+6	38	+2	11	−5	前腳		後腳
7	32	平	36	平	16	−2	5	−4	5	−4
6	32	+6	36	+6	18	↓	9	平	9	↓
5	26	平	30	+6	18	平	9	平	9	
4	26	+6	24	+6	18	↑	9	+3	9	平
3	20	+6	18	+6	18	+6	6	平	9	↑
2	14	+6	12	+6	12	+6	6	平	9	+3
第1層	8	+5	6		6		6		6	
起針	3鎖針								

3. 繡上嘴型

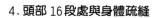

5. 繡上腳線

4. 頭部 16 段處與身體疏縫

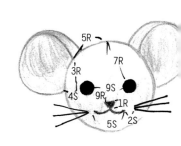

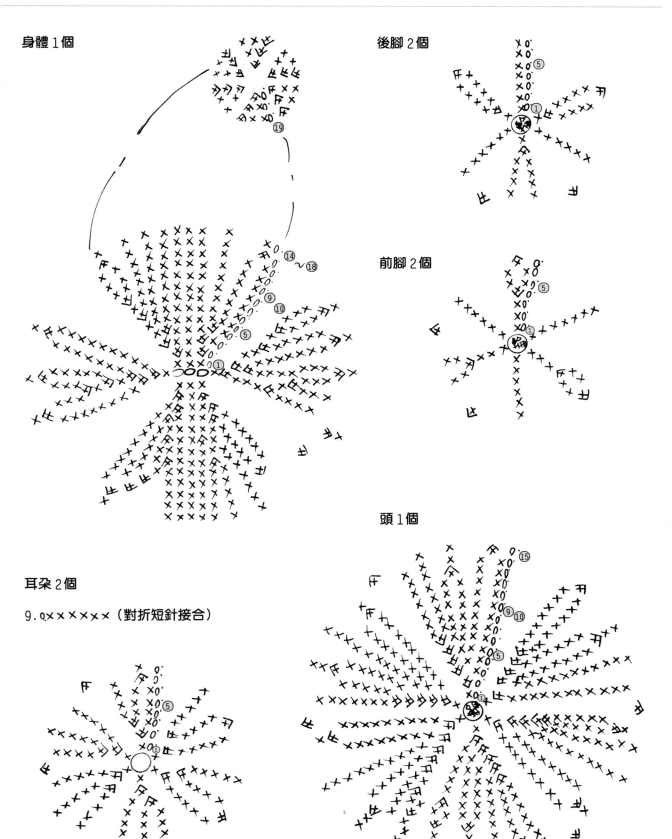

身體 1 個

後腳 2 個

前腳 2 個

頭 1 個

耳朵 2 個

9.0 ×××××× （對折短針接合）

犀牛

打扮的花姿招展的兩小無猜的犀牛—
正洋溢著幸福快樂。

材　料：4、5號鉤針用毛線，白色45g、深粉紅色15g、粉紅色10g。

屬　品：眼睛配件半圓8mm一副、化纖棉花適量、填充晶體適量、咖啡色繡線一段、3分小珠3個、5分小珠2個、黑色不織布一小片、白色縫線。

品：單編鉤針（金色）4/0號、毛線縫線、縫線針、白膠、剪刀。

成品尺寸：高度約11.5cm。

11.5cm

編織順序與方法：
1. 依序將頭、嘴、身體、小角、小花、尾巴、2隻手、2隻腳、2個耳朵織好。
2. 由嘴起針的12針，直接挑織第1段12針短針，開始織大角部份，織後塞入棉花。
3. 頭塞入棉花後與嘴1目用『正面縫合』接合；頭頂兩邊用『疏縫縫合』縫上耳朵。
4. 用黑色不織布剪出2個睫毛，再貼上半圓8mm眼睛配件，作成一對靈活眼睛找出中心點貼上眼睛；小角塞入棉花，用『疏縫縫合』縫上。
5. 用2股繡線繡上嘴型；用3分珠為花心縫一朵小花於頭上。
6. 身體先放入約6/1填充晶體，再塞入棉花，用『正面縫合』將頭與身體接合
7. 手、尾巴、腳塞入棉花，腳用白色毛線縫上腳趾；用『正面縫合』縫上尾巴、腳及手。
8. 先織衣服再由起針挑出裙擺，再袖口挑出袖子，縫上5分小珠2個做釦子，穿上衣服。

平=不加減針　　S=針數　　R=段數　　←=渡線引返

頭

段	針	加減
13	30	−4
12	34	平
11	34	−4
10	38	平
9	38	−4
8	42	平
7	42	平
6	42	+6
5	36	+6
4	30	+6
3	24	+6
2	18	+6
第1層	12	+7
起針	5 鎖針	

嘴

針	加減
30	
30	
33	
36	
16	←
10	←
3	←
30	+6
24	+6
18	+6
12	
12 鎖針	

大角

段	加減
1	−2
3	−3
6	平
6	−3
9	平
9	−3
11	←
7	←
2	←
12	平
12	平
12	

腳

段	加減
12	−3
15	−3
18	平
10	←
18	平
18	平
18	+6
12	+6
6	

小角

段	加減
1	−2
3	−3
6	平
6	平
6	

身體

段	針	加減
20	24	平
19	24	−4
18	28	平
17	28	平
16	28	−4
15	32	平
14	32	平
13	32	−4
8～12	36	平
7	36	+6
6	30	平
5	30	+6
4	24	平
3	24	+6
2	18	+6
第1層	12	+7
起針	5 鎖針	

手

段	針	加減
5～9	8	平
4	8	−2
3	10	−2
2	12	平
第1層	12	+7
起針	5 鎖針	

尾巴

針
6
6
6
6
6

睫毛實物大小

5. 縫出嘴型

大角
5R

7. 縫出腳趾（拉緊）

5S
2S　5R
1R

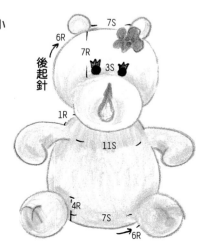

7S
6R
7R
3S
後起針
1R
11S
4R
7S
6R

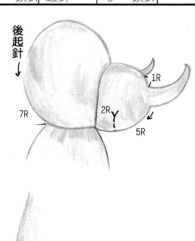

後起針
1R
7R
2R
5R
6R

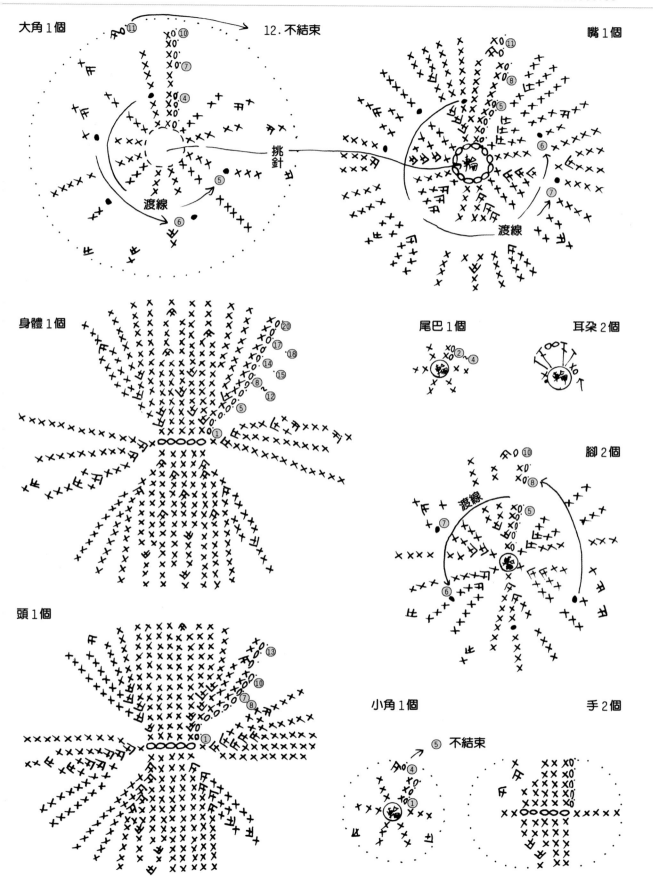

大角1個　　　　　　　⑪　　　⑩　　　12. 不結束　　　　　　　　　　　嘴1個

挑針

渡線

身體1個　　　　　　　　　　　　　　　　　　　⑳　　　　　尾巴1個　　　　耳朵2個
　　　　　　　　　　　　　　　　　⑰　⑯
　　　　　　　　　　　　　　⑭　⑮
　　　　　　　　　　　　⑧
　　　　　　　　　　⑫
　　　　　　　　⑤
　　　　　　①

渡線　　　　　　　　　　　　　　　　　　　　　腳2個

頭1個　　　　　　　　　　　　　　　⑬
　　　　　　　　　　　　　　⑩
　　　　　　　　　　　　⑦⑧
　　　　　　　　　　　①　　　　　　　小角1個　　　　　　　手2個

⑤ 不結束

母（衣服）

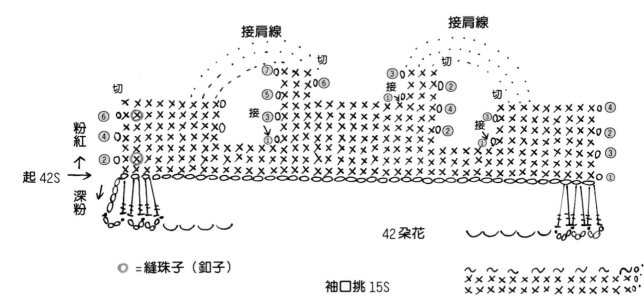

接肩線　　　　　　　　　　　　接肩線

切　　　　　　　　　　切

粉紅

起 42S

深粉

◎ =縫珠子（釦子）

42朵花

袖口挑 15S
深粉

公　衣服

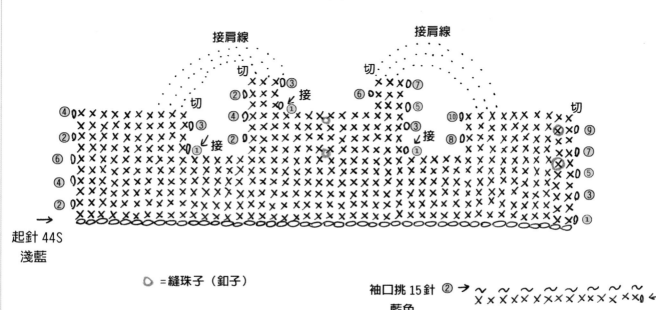

接肩線　　　　　　　　　　接肩線

切　　　　　　　　切

起針 44S
淺藍

◎ =縫珠子（釦子）

袖口挑 15針 ②
藍色

材　　　料：4、5號鉤針用毛線，白色45g、藍色15g、淺藍色10g。

附 屬 品：眼睛配件半圓8mm一副、化纖棉花適量、填充晶體適量、咖啡色繡
　　　　　線一段、4分小珠2個、5分小珠2個、白色縫線。

用　　　品：單編鉤針（金色）4/0號、毛線縫線、縫線針、白膠、剪刀。

成品尺寸：高度約11.5cm。

11.5cm

編織順序與方法：
1. 依序將頭、嘴、身體、小角、小花、尾巴、2隻手、2隻腳、2個耳朵織好。
2. 由嘴起針的12針，直接挑織第1段12針短針，開始織大角部份，織後塞入棉花
3. 頭塞入棉花後與嘴1目對1目用『正面縫合』接合；頭頂兩邊用『疏縫縫合』
   上耳朵。
4. 找出中心點貼上眼睛；小角塞入棉花，用『疏縫縫合』縫上。2股繡線繡上嘴
   型。
5. 身體先放入約6/1填充晶體，再塞入棉花，用『正面縫合』將頭與身體接合。
6. 手、尾巴、腳塞入棉花，腳用白色毛線縫上腳趾；用『正面縫合』縫上尾巴、
   腳及手。
8. 先織衣服，在袖口挑出袖子，縫上5分小珠2個做釦子，縫上方珠裝飾，穿上
   服。

平=不加減針　　　S=針數　　　R=段數　　　←=渡線引返

R	頭	嘴	大角	腳	小角	身體	手	尾巴
20						24　平		
19						24　-4		
18						28　平		
17						28　平		
16						28　-4		
15						32　平		
14						32　平		
13	30　-4		大角			32　-4		
12	34　平	嘴	1　-2			28　平		
11	34　-4	30	3　-3	腳		28　-4		
10	38　平	30	6　平	12　-3		36　平		
9	38　-4	33	6　-3	15　-3↑藍		36　平	手	
8	42　平	36	9　平	18　平↓白		36　平	8　平	
7	42　平	16　←	9　-3	10　←		36　+6	8　平	
6	42　+6	10　←	11　←	4　←	小角	30　平	8　平	
5	36　+6	3　←	7　←	18　平	1　-2	30　+6	8　平 (5~9)	尾巴
4	30　+6	30　+6	2　←	18　平	3　-3	24　平	8　-2	6　↓
3	24　+6	24　+6	12　平	18　+6	6　平	24　+6	10　-2	6　平
2	18　+6	18　+6	12　平	12　+6	6　平	18　+6	12　平	6　↑
第1層	12　+7	12	12	6	6	12　+7	12　+7	6
起針	5　鎖針	12　鎖針				5　鎖針	5　鎖針	

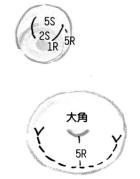

7. 縫出腳趾（拉緊）

5S　2S　5R　1R

大角　5R

5. 繡出嘴型

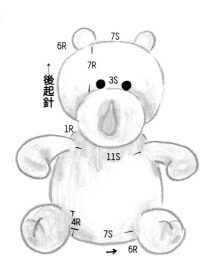

6R　7S　7R　後起針　3S　1R　11S　4R　7S　6R

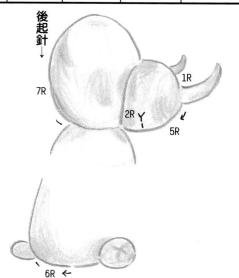

後起針　1R　7R　後起針　2R　5R　6R

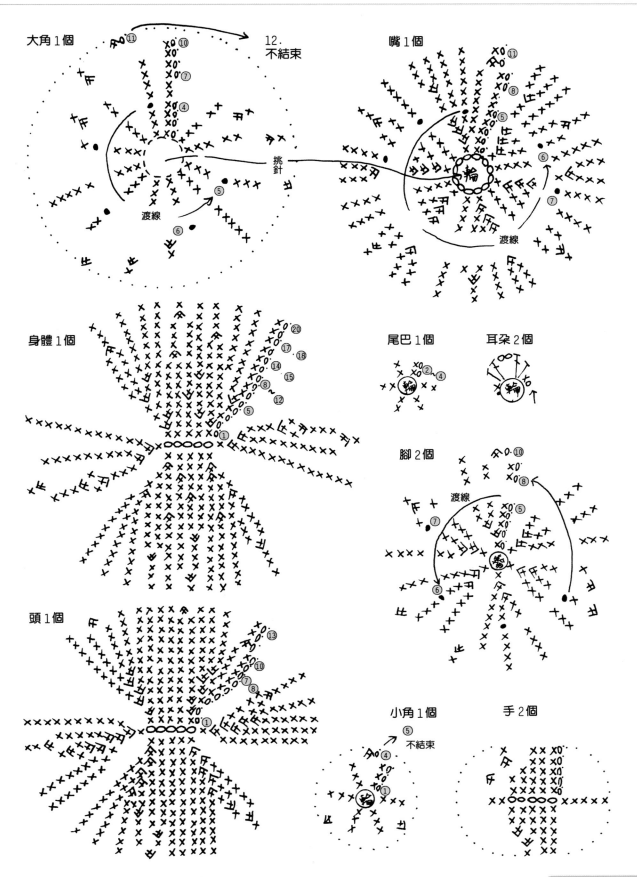

大角1個　12. 不結束

嘴1個

挑針　渡線　渡線

身體1個

尾巴1個　耳朵2個

腳2個　渡線

頭1個

小角1個　不結束　手2個

POINT *

辛苦採蜜，絕對團結的小蜜蜂—不管發
生什麼事，牠們一定會團結在一起。

小蜜蜂

 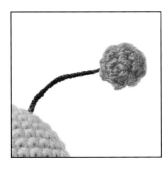  

材　　料：4、5號鉤針用毛線，橘色30g、深橘色5g、金黃色15g、黑色少許、
　　　　　銀光綠少許。

附 屬 品：眼睛配件半圓10mm一副、化纖棉花適量、＃28鐵絲20cm、紅色繡線
　　　　　一段。

用　　品：單編鉤針（金色）4/0號、毛線縫線、縫線針、白膠、剪刀。

成品尺寸：身體到頭高度約12cm。

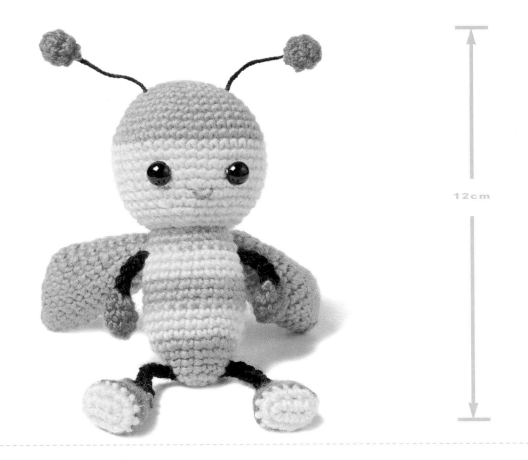

12cm

編織順序與方法：

1. 依序鉤織頭、身體，頭與身體塞入棉花，用『正面縫合』。
2. 翅膀在織最後一段前先塞入棉花，最後對折織一段『短針接合』，用『疏縫』縫在身體上。
3. 鐵絲剪成兩段，沾上白膠再將黑色線繞在鐵絲上。（見蚱蜢圖解）
4. 2個觸鬚圈圈在織最後一段前先塞棉，將以繞好黑色線鐵絲的一邊沾上白膠插入中心，另一邊沾上白膠，插在頭左右上，成為觸鬚。
5. 織手、腳並塞入棉花後，再鉤織『雙重鎖針』，用『疏縫』縫在身體。
6. 找出中心點貼上眼睛，並用4股紅色繡線繡一個嘴型。

平=不加減針　　S=針數　　R=段數　　對折=短針接合

	頭		身體		翅膀　橘		手		腳		圈圈深×	
20	20	−4										
19	24	−6	身體									
18	30	平	28	平 ↓金黃	翅膀　橘							
17	30	−6	28	+2	5	對折						
16	36	平	26	+2	9	平						
15	36	−6	24	↓ ↓橘色	9	−3						
14	42	↓	24		12	平						
13	42		24		12	平						
12	42	平	24	↓金黃	12	−3						
11	42	↓金黃	24	平	15	平						
10	42	↑↓橘色	24		15	平			腳			
9	42	+6	24	↓橘色	15	−3			如圖			
8	36	平	24		18	平			對折			
7	36	+6	24	↑	18	平	手		6	−2 ↑黑		
6	30	平	24	+6	18	+4	如圖		8	−2 ↓深橘		
5	30	+6	18	+3 ↓金黃	14	平	對折	↑黑	10	−2		
4	24	+6	15	+3 金黃	14	+2	6	−3 ↓深橘	12	−2	圈圈深×	
3	18	+6	12	平 金黃	12	+4	9	平	14	平	6	−3
2	12	+6	12	+6	8	+2	9	+3	14	+6↓銀光綠	9	+3
第1層	6		6		6		6		8	+5	6	
起針									3鎖針			

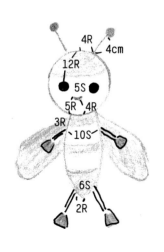

7. 嘴型

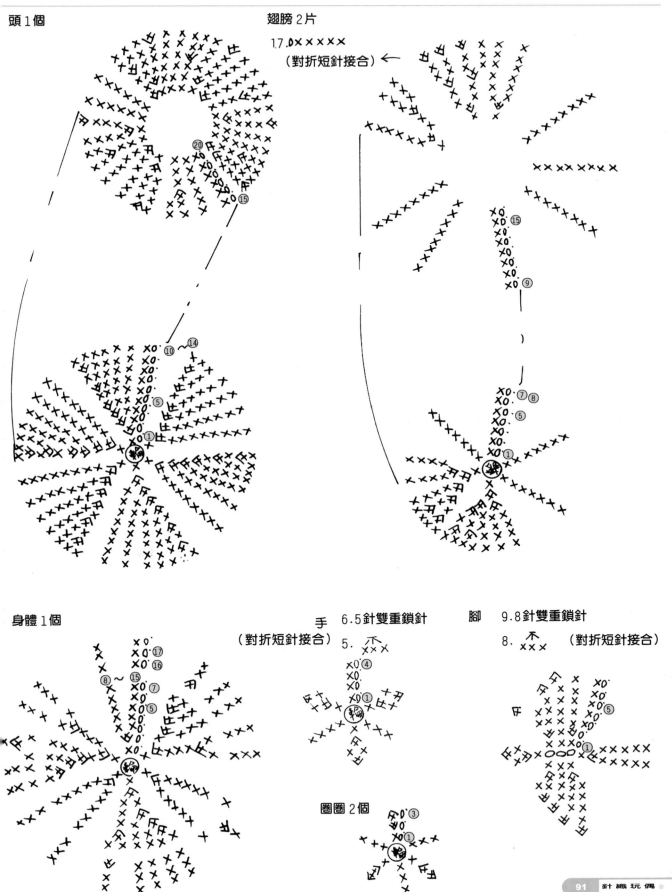

頭1個

翅膀2片

17.0×××××

（對折短針接合）←

身體1個

手　6.5針雙重鎖針

（對折短針接合）

腳　9.8針雙重鎖針

圈圈2個

穿著紅黑相間的衣裳，身材嬌小的瓢蟲—可是小巧玲瓏的。

瓢蟲

材　　料： 4、5號鉤針用毛線，黑色30g、橘色5g、金黃色10g、紅色10g、銀光綠少許。

附 屬 品： 眼睛配件半圓10mm一副、化纖棉花適量、＃28鐵絲25cm、紅色繡線一段。

用　　品： 單編鉤針（金色）4/0號、毛線縫線、縫線針、白膠、剪刀。

成品尺寸： 身體到頭高度約10cm。

10cm

* **編織順序與方法：** 1.依序鉤織頭、身體。頭與身體塞入棉花，用『正面縫合』。
  2.頭與身體塞入棉花，用『正面縫合』。
  3.2個翅膀在織最後一段前先塞入棉花，在翅膀的一面繡上黑色的『十字繡』，在用『疏縫』縫在身體上。
  4.鐵絲剪成兩段，沾上白膠再將黑色線繞在鐵絲上。（見蚱蜢圖解）
  5.2個觸鬚圈圈在織最後一段前先塞棉，將以繞好黑色線鐵絲的一邊沾上白膠插中心，另一邊沾上白膠，插在頭左右上，成為觸鬚。
  6.織手、腳並塞入棉花後，再鉤織『雙重鎖針』，用『疏縫』縫在身體。
  7.找出中心點貼上眼睛，並用4股紅色繡線繡一個嘴型。

平=不加減針　　S=針數　　R=段數　　對折=短針接合

	頭	身體	翅膀　紅	手	腳	圈圈橘
20	20　−4					
19	24　−6					
18	30　平					
17	30　−6					
16	36　−6					
14、15	42　↓		翅膀　紅			
13	42　↑金黃	身體	5　對折			
12	42　平↓黑	20　平	9　平			
11	42	20　−2	9　−3			
10	42　↑	22　−2　↑黑	12　平			
9	42　+6	24　↓　↓紅	12　−3		腳	
8	36　平	24　平	15　平		如圖	
7	36　+6	24　↑	15　−3	手	對折↑黑	
6	30　平	24　+6　↓黑	18　平	如圖	8　−2　↓橘色	
5	30　+6	18　+3	18　+4	對折　↑黑	10　−2	
4	24　+6	15　+3	14　+2	6　−3　↓橘色	12　−2	圈圈橘
3	18　+6	12　平	12　+4	9　平	14　平↓銀光綠	6　−3
2	12　+6	12　+6	8　+2	9　+3	14　+6	9　+3
第1層	6	6	6	6	8　+5	6
起針					3鎖針	

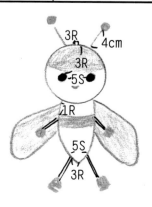

3R　4cm
3R
5S
1R
5S
3R

中心
↑

7.嘴型

手　6.3針雙重鎖針

5.↗　（對折短針接合）

13 o××××× （對折短針接合）

圈圈2個

9.6針雙重鎖針

腳　8.↗　（對折短針接合）

頭1個

身體一個

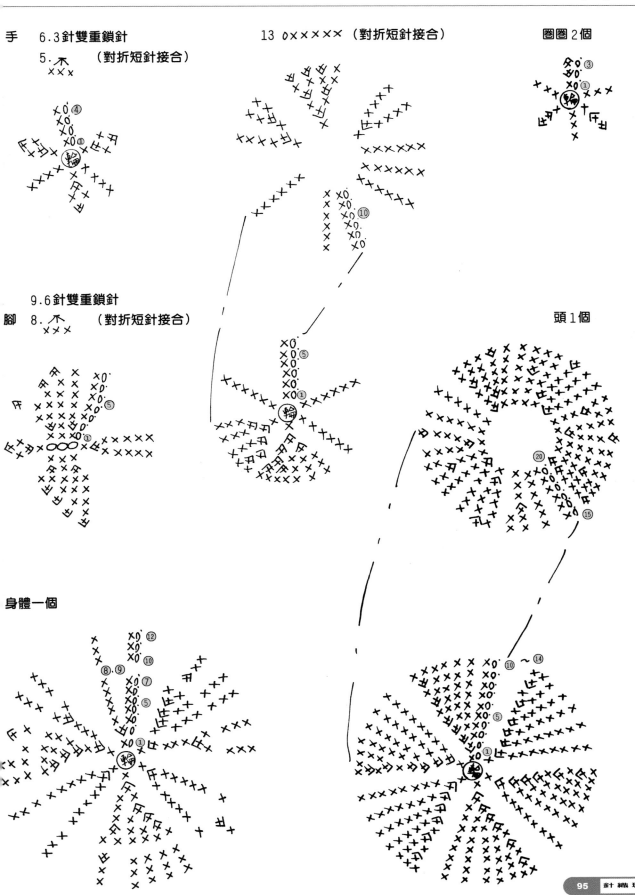

河豚母子

圓圓滾滾的河豚母子─圓圓的身材使
牠們更加可愛。

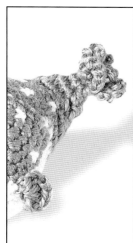

材　　料：4、5號鉤針用毛線，白色20 g、卡其色10 g。

附 屬 品：眼睛配件半圓8mm一副、化纖棉花適量、填充晶體適量。

用　　品：單邊鉤針（金色）4/0號、毛線縫針、白膠、剪刀。

成品尺寸：高度約7cm、嘴到尾巴長度約10cm。

7cm

10cm

POINT *

編織順序與方法： 1.先鉤織身體，在第14段織到31針後，接著織7針鎖針，在引拔第1目接成一個圓繼續織成身體。

2.由身體缺口挑出尾巴針目『輪編』，身體底部放入1/6填充晶體在放入棉花，一邊塞棉花一編織收魚尾。

3.另織兩片魚翅、一個嘴。

4.找出中心點後，左右貼上眼睛。

5.用『正面縫合』縫上嘴，用『疏縫』縫上魚翅。

6.在背上分散繡白色『十字繡』。

平=不加減針　　　S=針數　　　R=段數　　　←、→=渡線引返

	身體			
21	4	−4		
20	8	−6		
19	14	−6		
18	20	−6		
17	26	−6		
16	32	−6		
15	38	平　↑卡其色		
14	31+7鎖針 −6←↓白色			
13	37	−6　←		
12	43	←	尾巴　　卡其色	
11	43不織7針	←	如圖	
10	50	+6	6　　　平	
9	44	平	6　　　平	
8	44	+6	6　　　−6	
7	38	平	7　　　←	
6	38	+6	5　　　→	
5	32	+6	12　　−6	嘴　卡其色
4	26	+6	12　　←	9　　平
3	20	+6	6　　　→	9　　+3
2	14	+6	18　　−3	6　　+2
第1層	8	+5	挑21針	4　　平
起針	3	鎖針		4　　鎖針

1.

→ 挑出 21s 織尾巴

3.

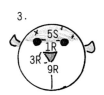

4.5.

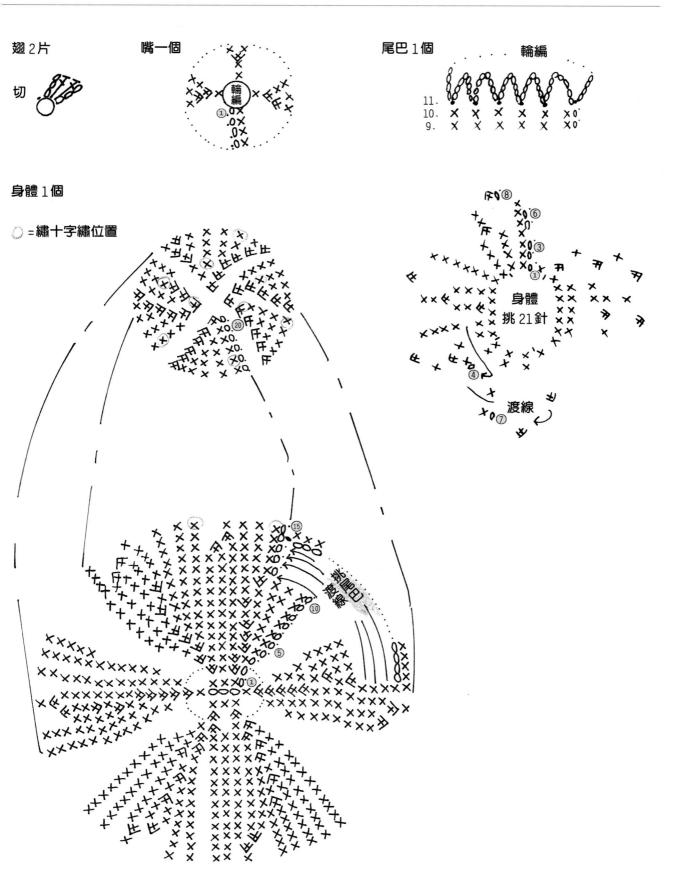

翅 2 片

切

嘴一個

輪編

尾巴 1 個　　　　輪編

11.
10.
9.

身體 1 個

◯ = 繡十字繡位置

身體
挑 21 針

渡線

尾巴
渡線

❋ **材　　料：** 4、5號鉤針用毛線，白色40 g 、卡其色20 g 。

附　屬　品： 眼睛配件半圓10mm一副、化纖棉花適量、填充晶體適量。

用　　品： 單邊鉤針（金色）4/0號、毛線縫針、白膠、剪刀。

成品尺寸： 高度約7cm、嘴到尾巴長度約13.5cm。

7cm

13.5cm

編織順序與方法：1.先鉤織身體，在第17段織到37針後，接著織9針鎖針，在引拔第1目接成一個
　　　　　　　　　圓繼續織成身體。

2.由身體缺口挑出尾巴針目『輪編』，身體底部放入1/6填充晶體再放入棉花，
　一邊塞入棉花一邊織收魚尾。

3.另織2片魚翅、1個嘴。

4.找出中心點後，左右貼上眼睛。

5.用『正面縫合』縫上嘴，用『疏縫』縫上魚翅。

6.在背上分散繡白色『十字繡』。

=不加減針　　　S=針數　　　R=段數　　　對折=短針接合↑↓　　　←、→=渡線引返

	身體						
25	6	−4					
24	10	−6					
23	16	−4					
22	22	−4					
21	28	−6					
20	34	−6					
19	40	−6					
18	46	平					
17	37	−5+9鎖針	←↑卡其色				
16	42	−5	←↓白色				
15	47	−6	←				
14	53	平	←				
13	53	9針不織	←	尾巴	卡其色		
12	62	+6		如圖			
11	56	平		7	−7		
10	56	+6		9	→		
9	50	平		14	平		
8	50	+6		14	−4		
7	44	+6		18	−4		
6	38	+6		22	平	嘴	卡其色
5	32	+6		22	平	9	平
4	26	+6		15	→	9	平
3	20	+6		7	←	9	+3
2	14	+6		22	−4	6	+2
第1層	8	+5		26		4	
起針	3	鎖針					

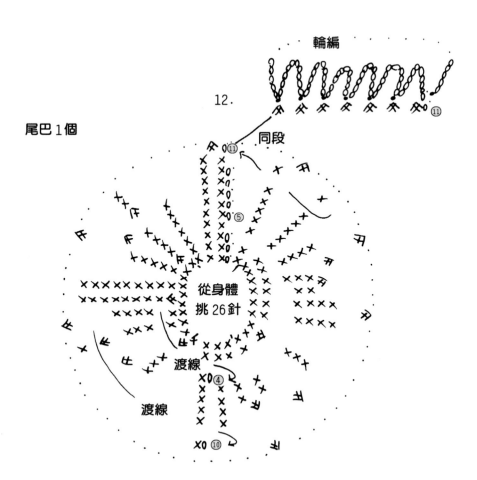

尾巴 1 個

· 輪編

12.

同段

⑪

從身體
挑 26 針

渡線

渡線

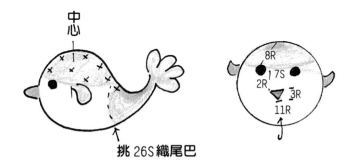

中心

挑 26S 織尾巴

8R
17S
2R
3R
11R

○ =縫十字繡的位置　　　　　　　　　　河豚（母）

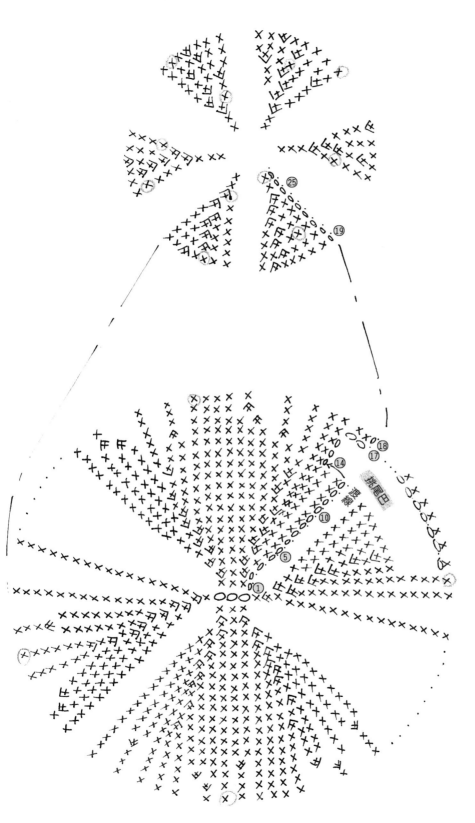

翅 2片

嘴 1個

圓圓毛毛蟲

嘴巴開開一臉驚訝的圓圓毛毛蟲—還是不失牠秀氣的臉蛋。

材　　料： 4、5號鉤針用毛線，銀光綠30g、金黃色20g。

附 屬 品： 眼睛配件半圓8mm一副、紅色不織布少許、化纖棉花適量、填充晶
體適量、＃20鐵絲8cm、＃28鐵絲12cm、金色圓珠2個。

用　　品： 單邊鉤針（金色）4/0號、毛線縫針，白膠、剪刀。

成品尺寸： 高度約10.5cm、長度16cm。

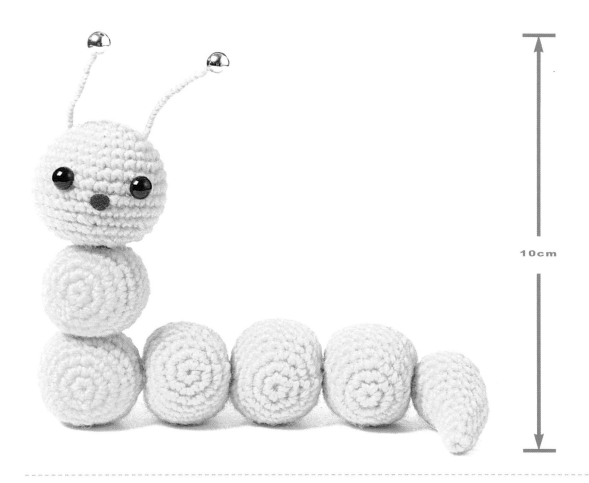

10cm

編織順序與方法：
1. 頭、尾巴、1個A身體，在最後1段前，須塞入棉花，用『疏縫』縫合。
2. 1個A身體、3個B身體，在最後一段前、放入填充晶體與棉花，用『疏縫』縫合
3. ＃28鐵絲剪成兩段，沾上白膠再將銀光綠線繞在鐵絲上。（見蚱蜢圖解）
4. 2個金色圓珠，將以繞好銀光綠線鐵絲的一邊沾上白膠插入珠洞，另一邊沾上白膠，插在頭左右上，成為觸鬚。
5. 用紅色不織布剪一個眼睛一樣大小的嘴，找出中心點，貼上眼睛和嘴。
6. 依頭、2個A身體、3個B身體、尾巴，穿縫成L形，並於頭與2個A身體插上＃2○絲，讓身體固定。

平=不加減針　　S=針數　　R=段數

	頭	銀光綠	A	身體		B	身體		尾巴	銀光綠
15	6	−6								
14	12	−6								
13	18	−6							2	−2
12	24	平	6	−6		6	−6		4	−4
11	24	−6	12	−6		12	−6		8	−8
10	30	↓	18	平		18	平		16	平
9	30		18	−6		18	−6	↑金黃	16	+2
8	30	平	24	↓		24	↓	↓銀光綠	14	+2
7	30	↑	24	平		24	平		12	平
6	30	+6	24	↑		24	↑		12	+2
5	24	+6	24	+6	↑銀光綠	24	+6		10	+2
4	24	+6	18	平	↓金黃	18	平		8	平
3	18	+6	18	+6		18	+6		8	+2
2	12	+6	12	+6		12	+6		6	+2
第1層	6		6			6			4	

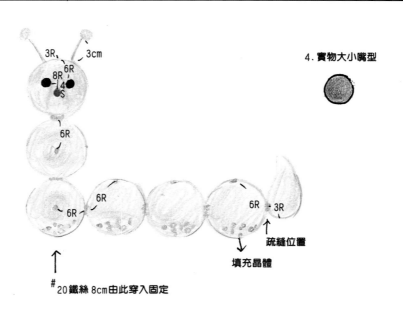

3R　3cm
6R
8R
4S
6R
6R
6R
6R　3R
疏縫位置
填充晶體
＃20鐵絲 8cm由此穿入固定

4. 實物大小嘴型

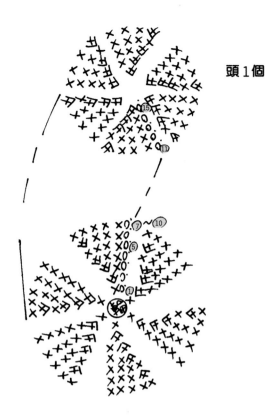

頭1個

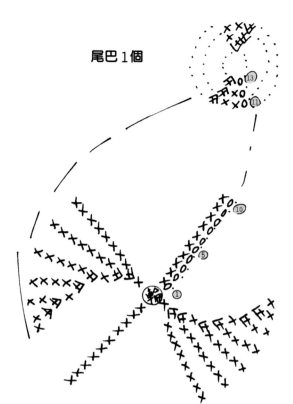

尾巴1個

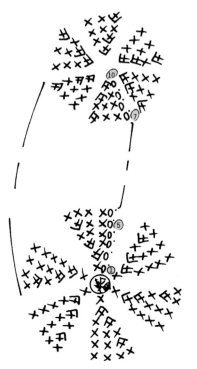

身體A2個
B3個

POINT ✳

一臉呆呆但最幽默的河馬 — 是最喜歡
待在水裡的馬哦…

河馬

材　　料：4、5號鉤針用毛線，黃色45g、藍色45g。

附 屬 品：眼睛配件半圓8mm兩副、化纖棉花適量、填充晶體適量。

用　　品：單編鉤針（金色）4/0號、毛線縫線、白膠、剪刀。

成品尺寸：高度約13.5cm。

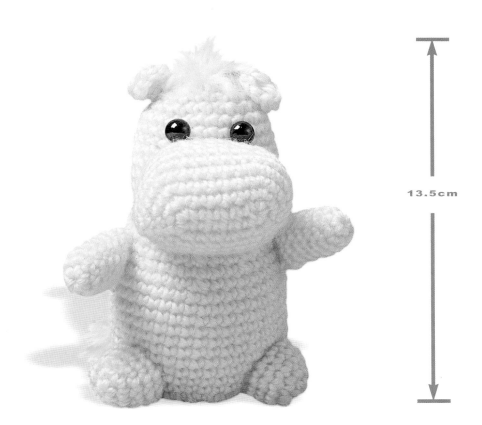

13.5cm

POINT *

編織順序與方法：
1. 依序織好頭、身體、嘴、2隻手、2隻腳、2個耳朵。
2. 尾巴用『雙重鎖針』織8針，線尾6cm毛線對折綁住梳開，用『疏縫縫合』於身體尾部。
3. 先將頭與嘴巴塞入棉花，找出中心點，用『正面縫合』接縫，貼上眼睛。
4. 剪6cm毛線對折，綁在頭頂上，用白膠固定，將毛線梳開，耳朵用『疏縫縫合』於頭。
5. 身體放入6/1的填充晶體後，塞入棉花，與頭用『正面縫合』接縫，手、腳塞入棉花後，腳用『正面縫合』縫在身體，手用『疏縫縫合』與身體接合。

平=不加減針　　S=針數　　R=段數

	身體			嘴			頭			手			腳
21	28	平											
20	28	-2											
19	30	-3											
18	33	平											
17	33	-1											
16	34	-3		嘴			頭						
15	37	-2	9	28	-2	12、13	28	平					
8～14	39	平	8	30	平	11	28	-4					
7	39	+3	7	30	-2	9、10	32	平					
6	36	+6	6	32	平	8	32	+6					
5	30	+6	5	32	平	5～7	26	平					
4	24	+6	4	32	+6	4	26	+6					
3	18	+6	3	26	+6	3	20	+6		手			腳
2	12	+6	2	20	+6	2	14	+6	3～9	9	平	3～5	12
第1層	6	+4	第1層	14	+8	第1層	8	+5	2	9	+3	2	12
起針	2	鎖針		6	鎖針		3	鎖針	第1層	6		第1層	6

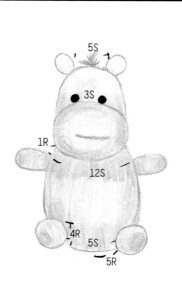

5S

3S

1R

12S

4R

5S

5R

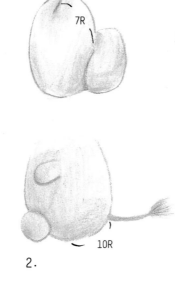

7R

2.

10R

3. 頭與嘴接合

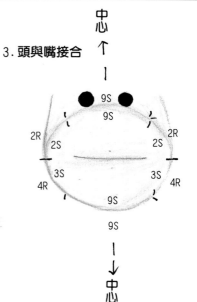

中心
↑

9S
9S
2R　2S　　2S　2R
3S　　3S　4R
4R
9S
9S

↓
中心

嘴1個

頭1個

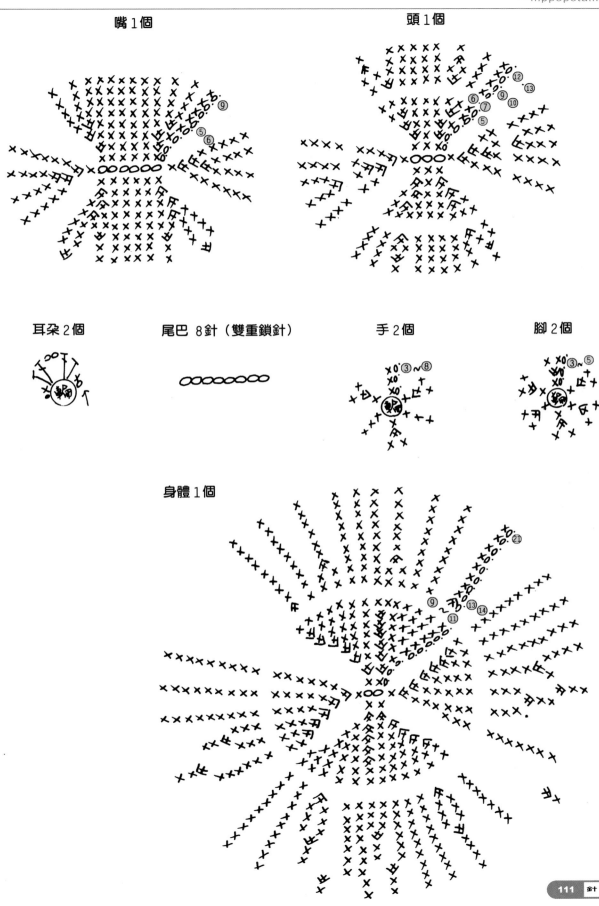

耳朵2個

尾巴 8針（雙重鎖針）

手2個

腳2個

身體1個

好可愛好可愛好─可愛的花栗鼠─小
小的嘴，吃起栗子可不含糊！！

花栗鼠

材　　料：4、5號鉤針用毛線，卡其色30ｇ、白色20ｇ。

附 屬 品：眼睛配件半圓6mm一副、鼻子配件橢圓形6mm一個、化織棉花適
量、填充晶體適量、咖啡色繡線一段、釣魚線40cm。

用　　品：單邊鉤針（金色）4／0號、毛線縫針、縫線針、白膠、剪刀。

成品尺寸：高度約8.5cm。

8.5cm

✳ 編織順序與方法： 1.織背部與腹部後，用卡其色『縫疏』縫合，底部放入1/6填充晶體再塞入棉花

2.耳朵織後，直接用『正面縫合』縫於頭部左右。

3.手、腳織好塞入棉花，用『疏縫』縫在身體。

4.織卡其色的『雙重鎖邊』為尾巴，直接用『疏縫』縫於尾部。

5.找出中心點，貼上鼻子與眼睛，用4股繡線繡上嘴形，將釣魚線剪成3等份，穿於臉部，並沾上白膠固定。

6.腹部用白色毛線，縫一個x字成腹部型。

平=不加減針　　　S=針數　　　　R=段數

	背 卡其色		腹 白		耳朵 卡其色		手 白		腳 白	
12～16	58	平								
11	58	+6	58	平						
10	52	平	58	平						
9	52	+6	58	+3						
8	46	平	55	+3						
7	46	+6	52	+6						
6	40	平	46	+6						
5	40	+6	40	+6						
4	34	+6	34	+6	10	+2				
3	28	+6	28	+6	8	平	5	平	6	平
2	22	+6	22	+6	8	+3	5	平	6	平
第1層	16	+9	16	+9	5		5		6	
起針	7		7							

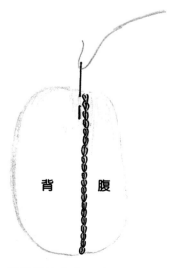

背　　腹

1.背部織片在上，腹部織片在下，
用疏縫縫合。

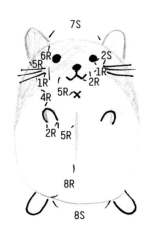

7S　6R　2S　5R　1R　1R　2R　4R　5R　2R　5R　8R　8S

5.嘴型

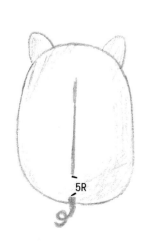

5R

背1片

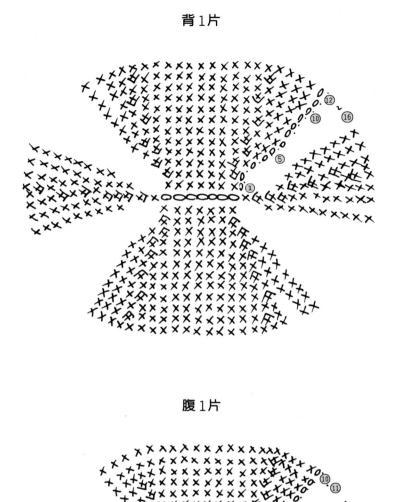

耳朵2個

腳2個

腹1片

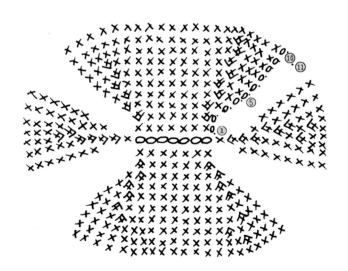

手2個

小飾品

"卡哇伊"的小飾品,讓你愛不擇手
"卡哇伊"的東西帶在身上,讓你很炫
哦!!

材　　料： 4、5號鉤針用毛線，小栗鼠......卡其色（咖啡色）、
　　　　　　　　　　　　　　　　　黃色（卡其色）、
　　　　　　　　　　　　　　　　　淺咖啡色（咖啡色）。
　　　　　　小兔子......白色、粉紅色、藍色。
　　　　　　小瓢蟲......橘色、橘紅色、紅色、黑色。

附 屬 品： 眼睛配件黑色3分小珠2個、塑膠花3朵（每隻小栗鼠、小兔子）；2分
　　　　　　活動眼睛配件2個、金色繡線一段、塑膠花3朵（每隻小瓢蟲）；化纖
　　　　　　棉花適量、黑色繡線一段、白色縫線一段、金蔥線15cm。

用　　品： 單編鉤針（金色）4/0號、毛線縫線、縫線針、白膠、剪刀、口紅。

成品尺寸： 約4cm。

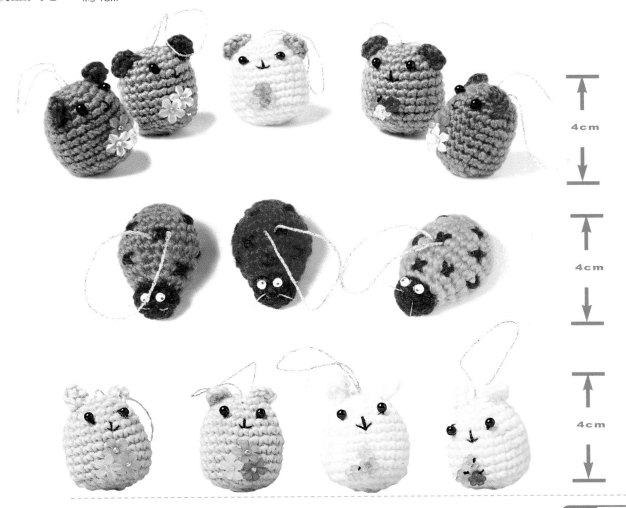

編織順序與方法： 1.小栗鼠、小兔子身型最後一段前，塞入棉花再做結束。

2.由頭頂起針處的兩側直接挑耳朵。

3.找出中心點，縫上眼睛，3股繡線繡出嘴型，縫上飾花，兩夾用口紅輕輕擦上當腮紅。

4.依序織出小瓢蟲身體、頭，塞入棉花，用『正面縫合』接合。

5.在小瓢蟲背上用黑色毛線，分散繡上『十字繡』。

6.找出中心點，貼上眼睛，金色繡線2.5cm，於眼睛前穿過1目，兩邊用白膠黏住固定，當觸鬚。

平=不加減針　　　S=針數　　　R=段數

栗鼠、兔子	身型			瓢蟲			
13	6	−6		身體			
12	12	−6	10	9	−3		
11	18	−4	9	12	平		
6～10	22	平	8	12	−6		
5	22	+2	5～7	18	平	瓢蟲	
4	20	+4	4	18	+6	頭	黑
3	16	+4	3	12	平	9	平
2	12	+6	2	12	+6	9	+3
第1層	6		第1層	6		6	

X｜X 嘴型

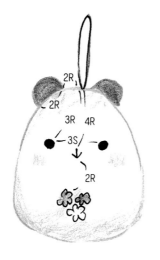

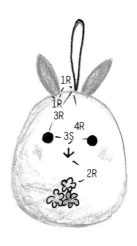

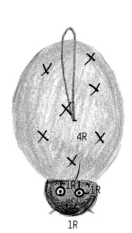

瓢蟲身體 1 個

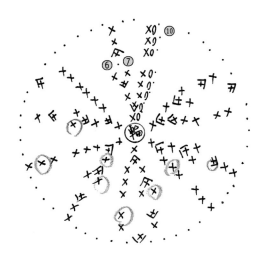

瓢蟲頭 1 個

直接挑栗鼠耳朵

切
接

栗鼠、兔子全身

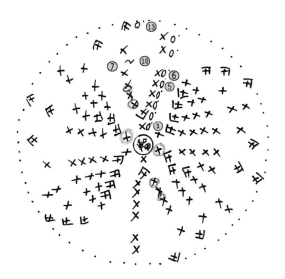

栗鼠耳朵挑針

直接挑兔子耳朵

切
接

兔子耳朵挑針

= 栗鼠耳朵位置

= 兔子耳朵位置

休閒手工藝系列 ①

鉤針玩偶

定價：360元

出 版 者：新形象出版事業有限公司
負 責 人：陳偉賢
地 　 址：台北縣中和市中和路322號8F之1
電 　 話：29207133・29278446
F A X：29290713

編 著 者：林淑惠
發 行 人：顏義勇
總 策 劃：范一豪
執行編輯：黃筱晴
電腦美編：黃筱晴
封面設計：黃筱晴

總 代 理：北星圖書事業股份有限公司
地 　 址：台北縣永和市中正路462號5F
門 　 市：北星圖書事業股份有限公司
地 　 址：永和市中正路498號
電 　 話：29229000
F A X：29229041
網 　 址：www.nsbooks.com.tw
郵 　 撥：0544500-7北星圖書帳戶
印 刷 所：利林印刷股份有限公司
製 版 所：興旺彩色印刷製版有限公司

行政院新聞局出版事業登記證／局版台業字第3928號
經濟部公司執照／76建三辛字第214743號

再版日期／2005年8月

國家圖書館出版品預行編目資料

鉤針玩偶／林淑惠編著 。--第一版 。-- 臺北
縣中和市：新形象 ，2001〔民90〕
　　面；　　公分。--（休閒手工藝系列；1）
ISBN 957-2035-00-2（平裝）

1.編結 2.玩具

426.4　　　　　　　　　　　90004339